怎样才能不杀死你的植物

How not to kill Your Plants

NIK SOUTHERN

[英] 妮卡·萨瑟恩——著　　王慧——译

北京联合出版公司

目 录

植物，我的信赖所在

　　小时候，我和父母居住在政府所有的住宅群中，周围都是钢筋水泥，生活枯燥而乏味。而祖父母家屋舍内外却总是植物繁茂，每次拜访他们都有许多的乐趣，由此，我开始对自然深深着迷。当我开始规划自己的花艺事业"雅·刺"[1]时，我秉持的理念也很简单：帮助人们将花草树木带回到生活当中，无论其居住空间有多么密不透风。

　　随着越来越多的人向城市涌去，空间变得愈加珍贵。人们住的房子越来越小，房东不让随意改变屋子的风格，想拥有一个花园就更不用提了……然而，我们因此开始改造周围的空间，使之成为属于自己的都市丛林。纵观整个伦敦，随处可见一片片绿色，或漫过阳台，或在窗台上排成一列，或匍匐于蜿蜒的走道上。而墙内、家中也逐渐出现了越来越多的花草。增添一些绿意已经成为一种简单、实惠、不用得罪房东，还能为屋舍注入生机的装饰方法。

　　无论是在室内还是在室外，用植物来装饰空间从来没有如此令人兴奋过。用绿色植物来营造一片绿意盎然的居住空间，不仅给我们一种满足感，还会不断给我们成就感——我们就像看着自己的孩子长大一样照看那些植物。如果我们照顾好了植物，植物也会帮助我们，改善我们的身体状况，为我们的生活带来欢乐，

1　作者的店铺原名为"Grace & Thorn"，本文译为"雅·刺"。——编者注

美化我们的家园（参见第193页，了解植物对我们无尽的益处）。难怪每个人都想要一片绿地！

当浏览照片墙[1]时，你一定会发现植物也有它所属的"时刻"，但我非常讨厌那些把植物划入时尚圈来讨论的想法。我希望这本书能成为一本植物圣经，帮助人们用绿色植物装点自己的家，或你认为的一个暂时的处所。无论你是否精通园艺，这本书都将帮你了解植物的需求，以及将植物放在哪里最合适：浴室可以是蕨类植物的雨林世界，阳光灿烂的窗台则是沙漠植物仙人掌的不二之选。

我希望这本书能帮你开阔眼界，看到更多关于植物的可能性，帮你记住植物的名字，并学会不要过度浇水！但在我们奔向主题之前，我必须说明一点：我既不是植物学家也不是园艺专家。我所知道的都是通过实践而得。经营花店的这五年让我收获了许多实用的经验。我知道很多人在面对种植花草的问题时不知所措，因此我将从一切的"根源"说起。这本书并不是让你放在茶几上打发休闲时光的，我希望你在乘地铁或坐公交车时也能阅读它。使用它，浇灌它，或许有一天还会有泥土从书页间滑落。

1　照片墙（Instagram）是一款运行在移动端上的图片分享社交应用。——译者注

回归本源

待在一个没有花花草草的房间里，我会像离开了水的鱼一样难以呼吸。庆幸的是，如今越来越多的人开始喜欢植物，我已经很少遇到那种令我窒息的环境了。

无论我走到哪儿，我都会下意识地观察周围的花草树木，期盼着看到不同草木的万千姿态，同时看看人们是怎么样安置它们的。我可能是一个不太礼貌的客

人，总是东张西望，寻找主人藏在棚架上或塞在角落里的那一点点绿意，因而，接待我的主人难免心生不快。是花草让屋舍有了生机。绿叶植物像是永远不会背叛的亲人，一直守候在那里，让人觉得安心。而花儿则更像那些妩媚动人的朋友，是每次聚会时的开心果，为派对增添乐趣和活力。

让我感到欣慰的是，越来越多的插花师开始突破传统，探索更为美观而自然的花艺。请不要误解我的意思，这样的插花作品并不一定赏心悦目。早在二十世纪，勇于冲破樊篱的花艺大师康斯坦斯·斯普莱[1]，其作品令同时期的传统花艺一度黯然失色。但在她之后，插花却重新落入了另一种俗套。一束束花被俗艳的绿色玻璃纸和丑陋的网带包裹得严严实实，人们因此失去了对插花的喜爱之情。我也不例外。在开花店之前，我几乎从不给自己买花。那时候，我觉得逛花店是一件乏味的事，因为无论是店里花的品种、玻璃纸的包装，还是花朵的色彩搭配都是一成不变的。

祖父母家的自行车棚后有个小花园，就是在那里，我爱上了大自然。

我对大自然的喜爱并非始于伦敦内城。我的父母都不擅长园林技能，因此家里也从未养过一株绿植（直到我开了花店）。让我真正爱上花草树木的是我祖父母的家。他们住在植被繁茂的伦敦北部，每年我都会定期去那里度假。

我的祖父母祖籍在意大利南部的普利亚区，他们的屋舍一度是我童年的庇护所。我的父母都是上班族，养育着四个孩子，我是家里的长女，这往往意味着我不得不比别的孩子更快一些学会长大。而祖父母的家则让我得以暂别在城市中灰色的童年。

每次去祖父母家，就像进入了奥兹国[2]的翡翠城，又像穿越衣橱来到了纳尼亚

---

1 康斯坦斯·斯普莱（1886—1960），英国教育家，插花师，美食作家。本书将有具体介绍。——译者注

2 源自美国著名儿童文学作品《奥兹国的巫师》，1939 年改编为电影《绿野仙踪》。——译者注

亚公园（当地人都亲切地称"维姬公园"）。维姬公园一直是伦敦东部上班族的一片避风港。从维多利亚时代[1]开始，那里可能就是伦敦东部的孩子们唯一能见到花草树木的地方吧。甚至在我小时候，父母带我们去维姬公园玩可以算是一种巨大的奖励——我的父母都很严厉，从不允许我们独自去那里。

维姬公园有一片很大的池塘，我们总在池塘边的柳树下喂鸭子。那时候，公园里还没有豪华的咖啡店，但对于生活在城市里的孩子而言，那是一个魔法世界，也是自然确实存在的证明！我常常和祖母收集一些毛毛虫放在空的咖啡壶里，再在上面盖几片生菜叶。我不记得那些毛毛虫后来怎样了，可怜的小家伙们，但我记得那种大自然的野趣带给我的快乐。

十四岁时，我们全家搬到了恩菲尔德，那是伦敦市郊一个植被繁茂的地方。我高兴极了。尽管我们一家人住进了一个小到不能再小的房子里：两个大人，四个孩子，却只有三个卧室。然而，我们却能同时拥有一个约30米宽的大花园。幸福！正是在这个花园里，我从三个兄弟姐妹、两个爱尔兰和意大利混血父母那里

1　维多利亚时代通常指 1837—1901 年英国维多利亚女王的统治时期，被认为是英国工业革命和大英帝国的峰端。——译者注

得到了平静和安慰，与他们在一起享受了无数的欢乐时光。即使兄弟姐妹都和朋友们出去玩了，我也能独自在花园里玩得不亦乐乎。

因此……长话短说，一个童年在钢筋水泥中长大却如此热爱大自然的孩子成年后会做什么呢？我应聘了一份很适合我的工作，并且一做就是十三年。

在这期间，我结婚并搬到了萨里居住，还拥有了属于自己的花园。比起参加社交活动，我更愿意待在家打理花草。我的花园就是我的心之所爱。结婚八年后，我离婚了，又搬回了伦敦，住在金丝雀码头，这里又被称为摩天大楼之城。可是，从风景如画的乡村搬到这样的地方，令我痛苦不堪。我想念我的田地、树林和花园。于是我又回到了伊斯灵顿的公寓。在那个没有任何室外空间的地方生活了一年后，我搬进了妹妹的地下室公寓，尽管环境有些阴暗潮湿，但我却再次拥有了一个花园！那是一个新的开始，但我还是觉得缺少了点儿什么，只是那时我无法确切地说出到底是什么……

我换了一份又一份工作，这一点儿都不像是我的风格，我原本是一个稳定又可靠的人。但在一年之内我竟然换了三份不同的工作，我意识到无论自己在哪里，我都很讨厌工作。我开始有些迷茫。我厌倦了那些工作，但却又十分担心自己没有其他的技能——18岁后我就没有继续上学了。茫然无措的我咨询了在第一家公司认识的一位商业教练，他建议我做一个MBTI测试[1]。这个测试会先让受试者回答许多问题，然后根据你的回答得出对应的性格类型。这听起来奇妙得让人难以置信。我做完所有题目后得到的结果是T型性格，于是，我快速查看适合这类性格的职业类型。这时，三个词出现在我眼前。第一个是室内设计师。我喜欢室内设计，并且开始尝试着变换自己房间的风格，我不断地在一些二手店或eBay[2]上寻找小物件来装饰我的家，为此我还报名上了夜校。但是很快我就放弃了，因为课程中涉及了太多理论性的内容。第二个词是园丁，我确实也很喜欢园艺，但第三个选项却让我充满了想象：插花师。

我报名参加了关于花艺设计最好的课程，从开始上课的第一天起，我就知道这正是我想做的。无论白天还是黑夜，不管在梦中还是清醒时，我的脑海里总想着那些花儿。然而，我无法忍受那种传统的教学思路——我们被要求将花束弄成像孕妇的肚子一样圆，我实在无法忍受！我喜欢花儿，但不喜欢俗套的插花方式。直觉告诉我应该给花儿以自由。老师对我大失所望。尽管如此，在我34岁的那一年，我终于觉得自己找到了人生的使命。课程结束后，我做了好几份与之相关的

---

1 迈尔斯布里格斯类型指标（MBTI），全称为"Myers-Briggs Type Indicator"。下文提到的T型人格指代的是以下性格特征：分析、客观、理性、冷静、理智、务实、坦率、坚强。——编者注
2 eBay是一个全球性的线上拍卖及购物网站。——编者注

工作，但很快我就厌倦了擦拭地板和修剪枝条。人们总告诉我没有合适我的工作，因为我没有工作经验。那我做了什么呢？我一度自暴自弃，又回到了原点，重新寻找工作。只能是这样了吗？

然而，我还是忍不住总想着那些花花草草。我在自己的客厅里练习插花，阅读了无数与插花相关的书籍，还在YouTube上看了许多教学视频。我知道那就是我要做的，却不知道该如何做起。有一天，老板把我叫到他的办公室里对我说道："你的心根本不在这里，是不是？""是的，"我回答道，"我想我该离开这里了！"于是我辞职了。在接下来的六个月里，我没找新的工作，而是没日没夜地窝在家里看《绯闻女孩》或是一个人在家里不停地抽烟。

我过去时常光顾肖迪奇的Bricklayers Arms酒吧，因为那里是我妹妹和她的几个时髦闺密最爱去的地方。之所以说"时常光顾"，意思是我总是出现在她们面前，努力说服她们，让她们相信在生活中她们需要我的花。总会有几个人被我的执着感染，于是给了我机会。我觉得我找对了方向！

开花店之初我并没有赚钱，因为我会先将花买回来做练习，然后将自己的插花全部送人。我常常担心收到花的人不喜欢我的插花……这让我近乎疯狂地一直逼自己要做到最好。很快，我接到了来自朋友们的订单。在情人节那天，我毫不费力就卖掉了二十束花！因为我的公寓里都是花，这快把室友们逼疯了，但看到脸书上那么多人晒出我的插花，我兴奋不已！我觉得这些远远不够！

之后，我真的很幸运。那时，一个在薇斯莱斯[1]做人力总监的朋友让我设计一款插花（四个插着花的小果酱罐装在一个木箱里，被称为"潘多拉之盒"，现在仍是我们卖得最好的产品）寄送给伦敦各家顶级杂志的编辑。另一位朋友当时在《星期日泰晤士时尚》（*The Sunday Times Style*）杂志社工作，我打电话向她说道："我的插花正在去您办公室的路上！请您一定要帮我点赞哦！"她很快就告诉我，

1　薇斯莱斯（Whistles）是英国著名女装品牌。——译者注

我的花已出现在编辑的心情看板[1]上了。之后《星期日泰晤士时尚》做了一期插花师的专题，关于"英国最好的插花师"。而我便在他们的采访之列，他们洋洋洒洒地写了三页纸。那个周一的早上我的邮箱突然爆满！其中一封来自L.K.贝内特的邮件问我是否愿意参加他们的年度花艺大赛——切尔西花展[2]。什么？我当时甚至都不知道那究竟是什么！我连婚礼的插花都还没设计过呢！我记得我告诉朋友后，他对我说："天哪！妮卡，这简直像电视剧里演的，你能圆满完成任务吗？"

我当然可以！

我在多尔斯顿区找到一间很小的没有窗户的地下工作室，接着和我的男朋友以及其他朋友一起装了六扇窗户，继而我就获得了"人民选择奖"。

不久之后，我发现自己需要一间更大的工作室，于是就找到了现在这家位于哈克尼路我最爱的店面。接下来的故事就成了历史。正如他们所说的那样，一场充满眼泪、疲倦、爱、欢笑、争吵、失眠之夜、自我怀疑和欢欣喜悦的历史，但最重要的是，我又一次焕发活力了……我的一呼一吸都是为了我所喜爱的事情。我现在知道当初那个感觉缺少却道不出的是什么了：自然。

1　心情看板是一种包含图像、文字以及零碎物件相组合的拼贴画，或给人创造灵感，或展示生活中的不同。——译者注

2　切尔西花展（Chelsea Flower Show）是英国的传统花卉园艺展会，也是全世界最著名、最盛大的园艺博览会之一。——译者注

如何使用本书？

正文开始前，我们需要先来面对一个事实：其实每个人都在迫害植物，包括我在内，也包括那些擅长园艺的人。在我这样说了之后，你想知道建议吗？不要小题大做。你知道吗？迫害植物最常见的方式之一就是过度浇水。所以，请先放下你的洒水壶吧！要让植物保持活力，我们需要追根溯源。你得知道植物来自哪里——它的根在哪儿。不妨这样想想看：植物为适应特定的生存条件经历了数千年的进化，无论是沙漠中肥厚多汁的肉质植物，还是亚马孙热带雨林里阴暗潮湿环境中的蕨类植物。当然，你可能无法一夜之间让你的房子变成"人猿泰山"[1]住

1　"人猿泰山"是美国电影《人猿泰山》的男主人公，影片中他居住在一片非洲原始丛林。——编者注

的自然丛林，但其中的小环境气候已足够创造出一些自然景观了，比如阳光灿烂的窗台上，或烧水沸腾时热气缭绕的橱柜顶端。你只需发现其中的不同罢了。同样的道理也适用于对待植物。如果沙漠中一年只下两次雨，你的仙人掌是否还需要浇很多的水？如果蕨类植物习惯生长在阴暗潮湿的雨林地面，难道还要让它们在毫无遮拦的窗台上慢慢枯萎吗？理解了这些原则后，你的植物便能更快乐地生长了。

这本书旨在告诉大家用植物装扮房间时所需注意的事项——"雅·刺"的风格。我们的介绍从植物到花盆，以及其中涉及的其他方方面面。卷起袖子和我一起来种花养草吧。我知道有时候进入花店会让人不知所措，没关系，就让我们把它当作一次私人旅行。我将会带领你走过棕榈树，也会穿行在炎热干旱的沙漠观赏仙人掌，还会来到热带雨林，邂逅龟背竹。路途中我们偶尔会停下来，一嗅意大利玫瑰或天竺葵的芬芳！我们不需要谷歌地图，为了让你不至于迷失，我将把本次旅行分为几个不同的部分。

第1章　追根溯源

只要有人向我咨询关于植物的问题，我首先告诉他的一定是要"追根溯源"，让他了解植物来自哪里，从而理解植物的需求。你将从本章了解到那些最受欢迎的盆栽所适合的生长环境类型，并对比找出你家中最适合这些植物生长的地方。有了这些知识，你就知道你家里适合摆放哪些植物，以及到底应该放在哪里。

第2章　建立你的植物之家

此时我们已经知道有哪些植物适合在家里生长了，是时候行动起来了！本章内容将作为你的新手启动包，教你去哪里购买植物，帮你找到可以陪伴一生的植物朋友。我也非常期待你能从本书获得看待植物的不同角度。一种植物对一个人来说是垃圾，对另一个人可能就是宝藏了。我们也会研究一些四条腿的朋友，让整个屋子的气氛更加和谐。

第3章　花盆——运气使然

好吧，我承认"雅·刺"的每位员工都非常重视花盆。我们常常花好几个小时来挑选合适的花盆，有时候我们用陶瓷花盆，有时候用铜制花盆，甚至也自己设计花盆。你将学习如何为你的花找到合适的花盆，以及如何通过插花改变草木的格调，也将学会如何让不起眼的小型植物焕发光彩，让大株植物成为你的门面。就让我们一起用绿色植物提升房间的格调吧！

第4章　怎样才能不杀死你的植物

本章我们将学习如何让植物茁壮成长，并且能保持美观！人们总问我相似的问题，因此我决定将所有相关内容整理在一起。我们将进入一家植物医院，这里甚至可以让植物起死回生。阿门。

第5章　给花儿以自由

在"雅·刺"，棕榈叶和小花瓣，花朵和枝叶，从来都是密不可分的。我们喜爱一切绿色的植物，尽管本书主要研究室内盆栽，但鲜花也是我们将要探讨的重要部分。我们不会告诉你关于插花的所有细节知识（这将需要另外一整本书来介绍），我们将介绍一些插花的基本知识，以及我们最喜爱的鲜花和枝叶种类，告诉大家如何亲手做出美丽的花束。我们还将打破一些插花规则，敬请期待。

第6章　常见盆栽植物一览

市面上的植物指南让人眼花缭乱。在本书中，我们没有列出每种植物，只选择了最受欢迎的一些植物以及关于该植物的养护注意事项。此外，本书所介绍的都是不需要过多养护，且易于生长的植物。拿走，不谢。

盆栽植物简史

数千年前，人们就将植物引入了室内，或品其芳香，或赏其姿态，或为其开一家漂亮的花店。甚至在人类出现之前，蕨类植物就已经装扮了恐龙的家园——地球。盆栽植物的发展过程是曲折而艰辛的，无论是女性先锋者们在自家院落中开辟出一片花园，还是水手们冒着生命危险跨越大洋将柑橘树引进欧洲。在维多利亚时代，人们通过种植蕨类植物来减轻对环境的污染，对此我们颇为赞赏。而

当盆栽植物工具书成为发售量仅次于《圣经》的图书时，我们更是无比兴奋。纵观历史，有一点是不变的：数千年来我们都对植物情有独钟，无论你、我，还是你的曾曾曾祖母——对了，还有霸王龙。

没有人知道人类在什么时候第一次将植物引入室内，但首次发现盆栽植物的记录是在古希腊艺术画作中。希腊人喜欢装饰其生活中的一切事物，无论是街道还是屋舍，因此也难怪他们将注意力放在了植物上。古埃及历史则第一次记载了国家之间的官方花卉交易，并且在公元前1478年，古埃及铁血王后哈特谢普苏特[1]在其寺庙中种植了乳香木。古代中国人用植物装饰宅院以象征财富。罗马乡间庄园则总是萦绕着柑橘树的花香。在大约公元前600年，尼布甲尼撒二世[2]沿着巴比伦河修建了空中花园。花园是尼布甲尼撒二世为取悦其安美依迪丝王妃，仿照王妃在山上的故乡而建，在那座空中花园中，你所能想到的每种花草树木都悬浮在半空中！

十七世纪是属于探险家的，他们离开家园开始探索世界。探险家们驾船来到遥远而宽广的地方，在探索新大陆的同时，他们不忘将新发现的植物带回自己的家园。沃特·罗利爵士[3]就将不起眼的番茄植株带回了英国，并且据称他还将不知名的柑橘树的种子也带回了英国，因此他也被认为是引进柑橘的第一人。还有许多植物或遗失在海上，或因不能适应新的气候而死去，但那些植物的种子却为研究亚热带植物如何在较为寒冷的环境下存活提供了很好的实验基础。

---

1 哈特谢普苏特是古埃及第十八王朝女王，公元前 1479 年—前 1458 年在位。——译者注
2 尼布甲尼撒二世，新巴比伦王国君主，在位时间约为公元前 605 年—前 562 年。——译者注
3 沃特·罗利（1552—1618），英国诗人、军人、政客、探险家、历史学家、科学家。——译者注

盆栽植物第一次真正亮相是在普拉特爵士[1]的《植物天堂》这本巨著中，该书出版于1652年，普拉特爵士在书中介绍了如何"在室内培植植物"。三百多年前，第一本针对"城市园丁"（听起来很熟悉？）的书提到了城市居民如何在有限的空间内"用花草树木装扮他们的房间"。花盆在十八世纪开始商业化并得到大批量生产。引领该潮流的是"妈妈最喜欢的餐盘"先生韦奇伍德[2]，韦奇伍德看到了盆栽植物带来的机遇，他写道，完美的花盆"很稳，但看起来并不厚重……可以承载一定数量的花束……要以其不同的材质、颜色或构图在当代常见陶器中脱颖而出"。我们击个掌吧，韦奇伍德先生！我们有很多相似之处，特别是在说到韦奇伍德的刺猬花盆时。我们尽管把它们当作"雅·刺"动物肖像花盆的祖先吧，想象一下在这样的花盆中你可以种出像刺猬一样的花。好极了！

如果我可以穿越到过去，那我一定会选择维多利亚时代，大概因为那是盆栽植物大放光彩的时代吧。工业革命带来的环境污染使植物饱受其害。与此同时，沃德[3]先生发明了"沃德箱"，也就是我们所知道的玻璃生态缸，来养护蕨类植物。这个玻璃箱也为跨越大洋来到英国的植物提供了完美的庇护，由此一个关于更多植物可能性的全新世界被打开了。（请查阅第71页了解玻璃生态缸，以及如何制作玻璃生态缸。）"沃德箱"的发明使"雅·刺"所在的哈克尼区一度成为世界最大的温室之乡之一。康拉德·洛迪格斯原先是哈克尼区乡下的一名园丁。他写信给全世界的人们，请求他们寄给他一些不同气候环境中生长的植物种子。随着收集的种子逐渐增多，康拉德也成为引进大黄茎和杜鹃花到英国的第一人。康拉德是最早发掘沃德箱潜力的人之一。就像我们"雅·刺"的理念一样，康拉德也认为，要养护好植物，最好先知道它们来自哪里。他模仿热带雨林生态环境创造了革命性的采暖系统。在他创造的温室里，香蕉树和天花板一样高，还有"魔法般

1　休·普拉特爵士（1552—1608），英国作家、发明家。——译者注

2　乔赛亚·韦奇伍德（1730—1795），被誉为"英国陶瓷之父"，1759年创立了韦奇伍德陶瓷工厂。——译者注

3　纳撒尼尔·巴格肖·沃德（1791—1868），英国医生，发明了养护植物的沃德箱。——译者注

的室内降雨"，前来参观的伦敦人都为这东伦敦梅尔街边的丛林感到兴奋而惊讶。由于不断扩大的哈克尼"村庄"（听起来也有点儿熟悉对吗？）的地产价格上涨，康拉德的儿子发觉向房东租赁土地愈加困难，另外考虑到环境污染对植物的危害，他们最终选择了关门。直到今天，哈克尼区的市政大厅外仍然有两棵巨大的棕榈树。你是否曾好奇它们是怎样去到那里的？好吧，现在你知道了。

十九世纪见证了室内空间的不断发展。随着室内供暖的不断改善，植物从独立温室搬到了半独立温室，继而又进入了人们的卧室。荷兰垂直推拉窗的出现使得窗台和阳台应运而生，于是盆栽植物开始在室内大放光彩。

进入二十世纪，栽种花草成为社会地位的一种象征。其中一条社会规则是，如果你的插花很混乱，这可能意味着你家的花园太小了，因而不够种植各类花草。

这时，一位女性改变了这个原本琐碎而无聊的产业。她就是康斯坦斯·斯普莱，这位突破传统花艺的神仙教母。当周围所有人都在将相似的花形插入一个花瓶中时，康斯坦斯·斯普莱创新使用蔬菜、梅子及其他非传统元素来做插花。她总是仔细搜寻客户们的橱柜，然后拿出一些不同寻常令人惊讶的物件来做花瓶。康斯坦斯·斯普莱的这些做法在她去世之后依然存在争议：她的作品在英国设计博物馆的展览公告使得两位博物馆创始人以辞职相威胁，因为他们认为那只能算是"造型"而非"设计"。所以该说什么呢？康斯坦斯·斯普莱，我们向您致敬！

二十世纪五十年代，现代化进程加速。家家户户都开始用上了最新的现代化的家具，绿色空间变得弥足珍贵。住在公寓里的人们想方设法装扮自己的房间，

此时不起眼的盆栽植物便成了所有室内设计杂志的首选。"二战"后，北欧式简约、自然的装修风格一度风靡欧洲，而植物便成为室内装饰的不二之选。这股北欧风潮流一直持续到六十年代，赫斯扬[1]博士出版了一本重要的盆栽植物书《做你自己的盆栽植物专家》。令人惊讶的是，据说这本书的销量仅次于《圣经》。然而，到了二十世纪末，关于盆栽植物的一切又开始丧失元气。此时，植物成为年轻女性的负担，因为除了料理家务，她们还得会养花种草。

在二十世纪八十年代，盆栽植物在室内设计中成为不可或缺的一部分。它们使得现代家庭木制或合金的家装变得更加完美。一起面对这个事实吧，那时候的大才子家里没有不种大叶片龟背竹的。盆栽植物曾有一个污名，即会将害虫和灰尘引入室内。后来，美国国家航空航天局（NASA）研究证明植物放在室内有

1　赫斯扬（Hessayon），塞浦路斯裔英国作家、生物学家。——译者注

助于人的身体健康，这才帮盆栽植物除掉了莫须有的污名。这也难怪父辈们在回望那一年代时会感到尴尬，不仅是因为他们蓬松的发型，还有他们对盆栽植物的看法！

我们是幸运的。近年来，盆栽植物（又一次）强势回归。我讨厌人们把自然当作一种时髦，但无论是浏览照片墙，走进一家咖啡厅，还是坐在火车站，几乎没有看不到植物的地方。回溯历史我们就知道为何植物如此重要了。就像雅典人一样，我们都在寻找不同的方式表达自我，也像维多利亚时代的人们一样，用盆栽植物来对抗环境污染，同时，生活在现代世界的人也是在回归自然，哪怕只是养一小盆多肉。

植物得其所

2015年元旦前夕，在去往印度的航班即将起飞前的几小时，我和朋友坐在伦敦印度大使馆里面等待我们的签证。（几乎是最后一分钟了，我知道！）看着等候室里为数不多的几盆花，我突然有两种直觉：

1.维持自然。我想立刻走过去修剪一下这些植物，给它们浇点水，剪掉枯黄的枝叶。

2.获得幸福。这些植物有一个家，我喜欢这种感觉。那一刻，我想到了很多。我喜欢这些已经养了很久植物的地方——医生的门诊室、出租车候车室、干洗店、马路旁的饭店，等等。在我眼中，那些花时间去照顾花草的人都是伟大的。他们是无名的英雄，一边从事各行各业的工作一边又在养护植物。他们的回报是什么呢？那应该就是一个快乐的植物家庭吧。电影《这个杀手不太冷》的男主角里昂便是这样的一个例子。如果杀手都有时间照顾自己的花，那么何况是大家呢？

　　我喜欢一个热情的男人,他叫蒙蒂,我喜欢看他在和我谈论园艺时露出的灿烂的笑容。他还喜欢养狗。这一切还有什么不值得我爱的呢?星期五晚上,我们会一起品尝红酒。我回家后会和我的小狗坐在沙发上观看电视里的《园艺世界》栏目。有一天,蒙蒂从地里拔出了一根萝卜,说道:"可怜的小萝卜要被我吃掉了。"如果蒂奇马什[1]当时在场,我猜他会说:"园艺不一定需要完美,但是蒙蒂,你离完美已经不远了!"

---

1 蒂奇马什是英国园艺家、主持人、诗人、小说家。——译者注。

追根

1

溯源

为什么多肉在我的
地下公寓里长得很不好?

　　我的顾客、朋友和家人常常问我与标题相类似的问题,这促使我写下了这本书。我的建议很简单,模仿植物的原生环境,它一定会越长越好(把你那阴暗的地下室留给喜阴的雨林植物吧,参见第49页)。

　　你所认识或喜爱的所有植物都经过了数千年的进化来适应它们的生长环境。仙人掌为了对抗沙漠天敌长出了锋利的刺,那你是否想过龟背竹为何长了那么多好玩的气根呢?这些气根使得它们能够在阴暗的热带雨林中攀缘向上重获阳光!我们最喜欢的盆栽来自世界各地的各种气候环境,有炎热干旱的沙漠,也有潮湿的雨林。我们是幸运的,因为如今这些热带宝藏可以与我们一起生活在现代化的家庭中。然而,我们需要知道这些植物的"根"在哪儿,从而明白将之摆放在哪些地方更合适,这样植物与我们便可以幸福地生活在一起了。

　　我写这本书的初衷并不是做一本事无巨细的指南手册,我想做的是实实在在的事。现在的许多人都选择合租公寓,共用仓库、地下室和轮船,甚至还共用橱柜(如果你在伦敦,这些房屋相关费用每月将花掉600英镑)。房屋空间紧张时,厨房可能没有水槽,浴室里没有花洒。因此,我想让你考虑一下你家里不同的气候环境和微气候,以及不同环境下适合生长的植物分别是什么。每种类型的房间

都有适合的盆栽，甚至那些被我们遗忘的角落——水壶旁的橱柜上面那块经常水汽蒸腾又能捕捉到午后阳光的无用之地——也是植物的容身之处。每个房间的气候也是不断变化的，毕竟冬天有暖气，晴朗的日子里可以将窗户打开。那么，我们先一起来研究一下那些大家最爱的盆栽原本生长的气候环境，然后再将自己房间里的微气候与之对照。

雨林植物

雨林林冠层植物

· 棕榈

· 龟背竹

· 喜林芋属植物

· 绿萝

雨林地被层植物

· 蕨类植物

· 秋海棠

· 网纹草

· 豹纹竹芋

雨林植物室内摆放指南

-浴室：喜湿植物

-明亮宽敞的客厅：喜欢攀缘来获得阳

光的植物

-楼梯下方阴暗的地方：喜阴植物

-墙壁：藤蔓植物

-靠近水壶的地方：喜湿植物

求助！为什么我的蕨类植物叶子总是变黄？

要理解雨林植物，首先得理解雨林的气候环境。当然，"雨林"的名字本身就是一个线索——热带雨林的年均降水量超过了2500毫米，因此许多雨林植物都进化出了蜡质外层，从而让雨水可以滚落下来。但底层灌木丛的降雨量又会有所不同。解决这个问题最简单的方法就是将雨林分层，然后再看不同类型的盆栽分别属于雨林植物的哪一层。

在雨林最上层，密密麻麻的枝叶构成了天棚似的冠层，这一冠层直接将阳光阻挡在外。在冠层植物的下面，藤蔓植物在树木间交织盘绕，构成一层绿色的"毯子"，保护底层植物免受风吹雨打和阳光暴晒，并且在夜间还能起到保温的作用。在冠层的覆盖下，雨林内外的空气流动性很差，因此，雨林底部的空气湿度也非常高。经过漫长的进化，雨林底部的一些植物生长出了气根，从而帮它们攀缘在其他树木上以获得阳光。因此，当你考虑这类盆栽植物应该放在哪里栽养时，请考虑给予它们充足的空间来炫耀自己。在雨林底部，阳光无法直射，土壤湿度很高——雨林中的土壤是由树叶、木头、腐烂的枝叶和大量动物粪便构成的。在养护这类植物时，排水一定要好，否则植物根须很容易腐烂。

我们从中学到了什么呢？

就整体而言，雨林植物喜欢间接地获取阳光，因此它们更喜欢在光线较弱的地方生长。然而，光照水平取决于它们处于雨林中的哪一分层。位于最上方的棕榈树喜欢阳光暴晒，而位于雨林底层的蕨类植物却喜欢阴暗的环境。像龟背竹这种向上攀缘的植物则可以在光照较弱的地方存活，但它们已经进化出了主动寻找阳光的本领，因此要确保它们有足够的生长空间。雨林低层的空气湿度较高，请记住这一点。雨林植物喜欢待在潮湿一点的地方，因此不要让土壤太干，要不时地浇点水，但不要把它们泡起来。这些植物不喜欢太热的环境，因此也请让它们远离家里的暖气片。

波士顿蕨

拉丁学名：*Nephrolepis exaltata*

养护评语：需求较多的室友

名字考：在所有波士顿蕨类植物中，以美国波士顿培养的波士顿蕨 "*Bostoniensis*" 最为知名，因此得名。

我最喜欢的五种蕨类植物

– 波士顿蕨

– "少女的发丝"铁线蕨（*Adiantum*）

– 鹿角蕨（*Platycerium*）

– 维纳斯发蕨（*Adiantum capillus-veneris*）

– 文竹（我知道它不算数，但我很喜欢它）

植物小传

蕨类植物已经在地球上存活了三亿多年，所幸的是它们仍然还活跃在我们的周围。它们不仅陪伴过恐龙，并且还是无性繁殖植物的代表。蕨类植物在室内会显得很害羞，但它们又需要人们的关照。只要想想雨林底层那阴暗潮湿的环境，就会明白它们在人们家里时为什么显得有些羞怯了。但只要给予它们适当的关爱，蕨类植物便会生长得越来越好。在2000多种蕨类植物中，我们需要特别关照的是波士顿蕨和铁线蕨。

追根溯源

大多数蕨类植物都生长在幽暗的森林底层，阳光被高层植物阻挡在外，因此，不要将蕨类植物放在有阳光直射的地方，它们会被烤焦的。雨林底层非常潮湿，因此要时常在它们的叶面上喷水，让它们保持湿润。此外，暖气会使空气变得干燥，所以要么把蕨类植物搬远一点，要么记得时常给它们喷水、喷水、喷水！潮湿的雨林底层提示你不能让蕨类植物处在干燥的环境，但也并不代表你需要不断地浇水，否则它们的根部会受潮。我的建议是注意观察它们，并用手指测试（见第264页）土壤。蕨类植物对养分的需求是"少食多餐"，如果没有营养补充，它们也会日渐枯萎。如果你将蕨类植物和其他植物摆放在一起，需要给它们一些空间，因为它们的叶子需要生长。此外要剪去死掉的枝叶，这样新的枝叶才能长出来。

怎样让蕨类植物保持生机

蕨类植物最常见的问题是叶片变黄，这意味着它周围的空气太干燥了。这时你得通过不断喷雾来提高空气湿度。如果叶片颜色变淡或者出现焦痕，那它就是被晒伤了，需要把它搬到远离阳光的地方。如果叶片下方出现棕黄色的小点，不要恐慌，这些是孢子囊，可以长出新的植株。然而如果叶子上遍布这种小点，那可能是遇到害虫了，这时就需要仔细检查了（请参考第272页盆栽植物医院）。

高空植物

喜林芋属

拉丁学名：Philodendron

养护评语：美观，生命力顽强

名字考：该拉丁学名来源于希腊文，"philo"意为"爱"，"dendron"意为"树木"。

植物小传

因为总被放在室内很高的地方，这类盆栽植物常常被人们忽略。尽管如此，它们漂亮的外表却激发了许多艺术家创作的灵感。十九世纪，植物学家海因里希·威廉·肖特[1]在一次去西班牙的探险中发现并确认了587种喜林芋属植物，并带回一部分送到了维也纳皇家花园，从此喜林芋属便正式成名。喜林芋属是我最喜欢的植物中的一类，因为这类盆栽可以让我的小丛林变得更加茂密——你可以把它们挂在墙上，让它们装饰你的画框，或者用流苏绳吊篮将它们挂起来。然而，我们仍需回到故事的开头来理解这类植物。

追根溯源

理解这类植物的第一条线索是它们的名字——树木爱好者！最常见的喜林芋属盆栽植物都是喜欢攀爬的，它们发源于拉丁美洲的热带雨林，利用自己的根须

1　海因里希·威廉·肖特（1794—1865），奥地利生物学家。——译者注

向上攀爬从而获得阳光。喜林芋属植物最开始养殖时叶子很小，当它们沿着树木向上生长时，叶片便开始变大，从而能够获得更多的光照。但请记得，雨林最上方依然被冠层树木所遮盖。因此，这类植物在阴暗和明亮的地方都可以生长，却无法接受阳光的直射，否则就会很快枯萎！在雨季（半年多时间）里，喜林芋属每天都被雨水滋润，因此你也要确保它们有水可饮。雨林植物生长在极为潮湿的环境当中，这样它们可以直接从空气中获得水分，甚至在干旱期也一样，因此要确保经常喷雾以保证很高的湿度。喜林芋属植物也喜欢排水好的环境，因此千万不要让它们被水浸泡，记得在每个春天都帮它们更换花盆。

如何让喜林芋属植物保持生机

喜林芋属的叶片因为变老而发黄是很正常的现象，但有时候也可能是因为其他问题。如果在一段时间里许多叶片都变黄，很可能是光照较强或浇水过多导致的。而浇水不足又会使叶片枯黄而脱落。一周只需浇足一次水，并且一定要等到土壤干透后再浇水。如果没有新的枝叶长出，那可能是温度较低导致的，需要把它搬到更温暖一点的地方。

大型植物

龟背竹

拉丁学名：Monstera Deliciosa Liebm

养护评语：没有谁比它更好取悦的了

名字考：龟背竹因其"叶如龟甲，茎干如竹"而得名。而其拉丁名则是"怪物"之意，想想它在丛林中巨大的叶片你就明白了。

植物小传

　　龟背竹于我而言是乡愁。我总会想起二十世纪七十年代祖母家客厅里的那棵龟背竹，当时我姐姐的男朋友很讨厌龟背竹，因为这种植物让他想到了自己的地理老师。然而，无论我们对龟背竹如何刻薄，它都会原谅我们。对于盆栽新手而言，龟背竹简直是完美的公寓伴侣，因为无论如何它都会生长。人们来到我的花店看到龟背竹后，总担心自己的空间不够。但我却喜欢这种大型的植物，它们看起来总是端庄大气。如果你没有多余的空间让它生长了，也可以试试将龟背竹固定在画框旁，让它沿着画框生长。只要你经常擦拭它那坚韧而硕大的叶片，它就会快乐地生长。我也喜欢用龟背竹的叶片来插花——只要将叶片从茎干处剪下，插入水中即可。

追根溯源

　　龟背竹从雨林底层开始，利用气根攀附在树木枝干上并且不断地向上生长。即使是在客厅里，龟背竹依然会长出气根，从而攀缘于其他物体上，让小龟背长成万人迷的样子。在雨林中，冠层树木遮挡了大部分的阳光，因此龟背竹很少受到阳光的直射。在室内为龟背竹选择摆放的位置时，也要注意它喜欢光照但并不喜欢阳光直射，光照时间也不宜过长，阳光只是帮助它不断向上生长。如果光照不足，龟背竹的叶子会变小且不会生孔。至于浇水的问题，龟背竹不会因为你的一时疏忽而萎靡不振，但还是请不要总是忘记浇水。你只需在土壤摸起来干燥时浇水就可以。冬季龟背竹生长缓慢，可以少浇点水。另外，要注意保持空气的湿度，每周要向叶片喷洒一次水，以保持湿度。如果湿度不够，龟背竹的叶片则可能会蜷缩。要将它们放在远离暖气的地方，保持气温的恒定。修剪枯黄的叶片时，要从叶片茎干底部将它剪掉，这样看起来也会更美观。每隔几年，在春天新叶长出来前帮它更换一个大点儿的花盆。

如何让龟背竹保持生机

令人困惑的是，如果光照不足，龟背竹的叶片会向着更阴暗的角落生长。这其实是因为在雨林中，通常最阴暗的地方会有很多大树。这些小龟背竹会向着大树生长，从而沿着树干攀缘向上以获取阳光。因此，当我们在室内养殖龟背竹时，可以将它放在光线较暗的角落，让其主茎减少光照。低层叶片发黄可能是气温太低所致。如果发黄叶片的叶尖呈棕黄色，那么我们几乎可以断定，它周围的空气一定很干燥。这时，你需要把枯死的棕黄色叶尖剪掉，再喷洒一些水，增加空气的湿度。

如何让一棵植物爬满你的墙

我喜欢让盆栽植物在室内野蛮地生长，让它们将叶片任性地伸展到可以触及的任何空间（植物进入房间后并不会很有礼貌）。但我刚开始养殖藤本植物时，并没有想到它们会长得那么大。简直太壮观了！这些植物会沿着书架、窗台、门框不断爬伸，如果你稍微帮个忙，它们还会爬满你的整个墙面。

市面上有各种各样的藤本植物，但到目前为止最容易养殖的则是绿萝。作为一种攀缘植物，绿萝也来自温暖湿润的热带雨林，它们在雨林中进化出了气根，从而帮助自己依附在树木上攀爬以获得更多的阳光。在热带雨林中，藤本植物可以伸展到长达12米，在单间公寓里，你能够将这些植物养至2.5米。

绿萝很容易成活。它喜欢弱光的环境。如果你看到它的叶片有点儿蔫了，稍微浇点水即可。绿萝不喜欢潮湿的土壤，如果叶片变黄或脱落，就代表浇水太多了。时不时地在叶片上喷洒一些水可以帮它保持空气湿度。

根据美国国家航空航天局的调查，绿萝还可以净化空气，吸附空气中的有害物质。

向上生长！

要帮助绿萝生长，你得找些东西让它依附。我通常在墙上钉一些钉子，然后沿着钉子缠绕一些不会生锈的金属丝，从而让植物自在地攀缘而上。如果想让藤蔓更稳固，你可以用细绳将气根和金属丝轻轻地捆绑在一起。但也不要太娇惯它，藤本植物可以盘绕在不同物体上。它们会按照自己的喜好爬向任何地方，有时候不同的枝条会先分开爬，再慢慢会合，有时候它们又很固执地只朝着一个方向延伸。如此种种常常会带给人惊喜。安装好支撑物后，你需要耐心地等待，过段时间它们就会攀附在上面。藤本植物会长得越来越大，你得确保支撑物不会被它们拉扯掉。如果你租房子住，也可以在墙边安装一个支架，等你离开时搬走即可。为帮助藤本植物更好地生长，你需要每年帮它们修剪几次枝条。

沙漠植物

沙漠植物

· 多肉

· 仙人掌

· 丝兰

· 龙舌兰

沙漠植物最佳摆放位置

- 明亮的窗台

- 向阳朝南的窗台（但也要小心日灼）

- 夜间局部气温可以降低的地方

- 开放的生态缸（见第75页）

为什么我每天浇水，我的多肉植物还是不开心呢？在此我们需先纠正几个关于沙漠植物常见的谬误（说的就是你，"奔跑的健将"）。

第一，沙漠植物并非生长在沙子里。它们生长在由砂石和土壤混合而成的介质中，这种土壤透气性非常强，这就意味着植物的根部永远都不会受潮。

第二，沙漠中也会下雨，只是比较少。经过数千年的进化，大多数沙漠植物已经适应了沙漠中无法预测的气候变化，它们会在下雨时充分吸收水分并储存下来，因而，多肉的叶片看起来总像是快要哭了似的。许多沙漠植物进化出了蜡质外皮，从而能够帮助其保湿。而仙人掌则用尖刺代替了叶片，这样便能减少水分的蒸发。你可能觉得仙人掌会长出很长的根须帮它吸收地下的水分，但事实却是，仙人掌的根大都分布在土壤浅层，这样可以帮助它们尽可能多地吸收地表水源。在雨季，它们会长出更多的根，而在旱季，仙人掌的根则会皱缩死掉从而减少水分的丧失。沙漠中经常刮大风，这意味着空气也会很干燥，因此沙漠植物通常喜欢生长在空气清新且湿度非常低的环境中。

第三，我们所有人都同意一点——沙漠中极其炎热！但你知道吗？沙漠里也会很冷。白天，沙漠中的光照强烈，地面气温很高，而夜间热量散发得却很快，气温可以降至很低。仙人掌长出一身的刺和毛，这些刺白天可以帮植物反射强烈的太阳光线，夜间可以帮它们减少水分的蒸发。

因此，我们从中学到了什么呢？

沙漠中的植物已经学会了如何在缺水的条件下生存，因此请放下你的洒水壶，要确保其土壤充分的透水性，它们怕涝。它们喜爱白天的阳光，也喜欢夜间凉爽的空气。所以请将它们摆放在空气流通的地方，而不要放在像浴室这样水汽腾腾的房间。

肉质植物

肉质植物

拉丁学名：Sucus

养护评语：只要你不让它溺水，它是不会让你失望的

名字考：肉质植物的英文名"succulent"的字面意思就是吸水并储存水分。多肉植物那充满水分的叶片看着就像如果你掐它一下，它就会哭了似的。

我最喜欢的五种肉质植物

– 玉缀（*Sedum morganianum*）

– 燕子掌（*Crassula ovata*）

– 龙舌兰（*Agave*）

– 长生草属（*Sempervivum*）

– 珍珠吊兰（*Senecio rowleyanus*）

植物小传

小一点儿的多肉看起来的确很可爱，但相信我，它们长大后可能会变得很丑。我个人很喜欢多肉，因此常对顾客说，多肉不是用来装饰圣诞节的，你要学会照顾它一生。

追根溯源

多肉的原生态环境非常干旱，因此它喜欢透水性较强的土壤，喜欢明亮且通风的环境。听起来很熟悉，对吗？不，不是的！这里描述的潮湿且多风的气候对多肉而言很是湿润！然而，让人惊讶的是，多肉其实非常好养。要想让多肉植物

活下来，你得将它们放在明亮的窗台上。没有别的选择！只是要注意别让它们被透过玻璃射进来的阳光灼伤。多肉将水分储存在了自己的叶片、茎干和根部（可帮其抵御沙漠中的炎热），因此可以忍受长时间的干旱。如果你偶尔忘记浇水了，没有关系，只要别把它彻底地忘了就行。

如何让你的多肉保持生机

多肉身上总有奄奄一息的叶子，这很正常，掐掉那些叶子即可。但是如果叶片略微有些肿胀并且下垂，那便意味着浇水过了。请记住，多肉可以在自己的叶片中储存水分，因此如果吃水过多，叶片也会因为重力而下垂。此外，浇水过多还可能导致多肉的叶片或茎干变软并长出黑斑。如果你看到它上层叶片变皱（就像泡了很久的热水澡一样），变干，或变脆，那么意味着它们缺水了。

多肉摆放风格设计

不管是分别种植在不同的花盆中，还是共同种植在一个圆形的大花盆中，多肉植物聚在一起时看起来是最漂亮的，就像是一个幸福的沙漠植物之家。这样做时要注意将不同质地和外形的多肉混合摆放，将带刺和不带刺的肥嫩多汁的多肉放在一起。

拟石莲花属

这类植物就像是被画出来似的，轮廓清晰，棱角分明，颜色多样。拟石莲花属植物的叶片非常容易繁殖出新苗。如果看起来太拥挤，也请将它们分别移植到别的地方（见第232页）。

莲花掌属

这类植物外形夺目，根茎粗壮，植株较高。需要注意的是，莲花掌属的黑色

品种，它们虽然样子很时髦，但与其他多肉存在不同，其侧根的根系较浅，因此种植时不要让土壤完全干燥。

玉树

这类植物茎干粗壮，长得有点儿像"树"。幸运的话，你会看到它们长出粉红色或白色的小花。玉树又叫金钱树，常常因此而被人们种植。

仙人掌和其他肉质植物的区别是什么？

肉质植物可以在其叶片中储藏水分，其家族非常庞大，而仙人掌毫无疑问是其中最受欢迎的成员之一。仙人掌因其垫状带刺的外形与其他肉质植物相区分。也有一些仙人掌没有刺，但外形依然是垫状结构，这可能是从远古遗传下来的特征。

不要被仙人掌的刺吓到

仙人掌

拉丁学名：*Cactaceae*

养护评语：只要是仙人掌，我们都可以养

名字考：仙人掌有各种不同的种类，要全部叫出它们的名字是不可能的。去了解那些你所喜欢的仙人掌，你会记住它们的名字的。

我最爱的五种仙人掌：

– 金琥仙人球（*Echinocactus grusonii Hildm*）

– 翁柱仙人掌（*Cephalo-cereus senilis*）

– 龙神柱（*Myrtillocactus geometrizans*）

– 黄毛掌（*Opuntia Microdasys Pfeiff*）

– 秘鲁天轮柱（*Cereus Peruvianus*）

植物小传

我觉得自己是个比较喜欢收集仙人掌的人，我喜欢收集不同质地、颜色、外形或大小不同的仙人掌。越是奇形怪状的，我越喜欢。尽管仙人掌表面有许多刺，但它却非常好养。大多数仙人掌都生长在沙漠中（沙漠仙人掌），阳光充足，气温很高，空气干燥。也有一些仙人掌生长在雨林中（森林仙人掌），喜欢阴暗潮湿的环境。

一般而言，森林仙人掌的叶片较为扁平且呈垂坠状，因此在种植仙人掌前，一定要先做好功课。我们在这里主要讨论沙漠仙人掌。准备好防晒霜，我们要进入沙漠啦！

追根溯源

在沙漠中，仙人掌需要好几年才能等来一次降雨。因此，请不要浇水过多，也不要在土壤还未全干时浇水。我的建议是你要去了解自己的仙人掌：浇水后，仙人掌的身体会膨胀起来，摸起来也会更结实。要注意观察仙人掌的重量，如果它变轻了，那就说明它需要补充水分了。仙人掌喜欢透水性强的土壤，这样才能使它们的根部保持干爽，因此普通的土壤不适合养殖仙人掌，一定要用仙人掌的专用土壤。仙人掌喜欢充足的阳光照射，但在夏天也要小心阳光直射，因为阳光透过玻璃照射进来之后，热量散发变慢，会使温度更高，这可能会威胁到仙人掌的生长。如果白天气温较为平均，夜晚又很凉爽，仙人掌则会很开心。沙漠中空气湿度很低，因而很干旱。因此，我们不需要在仙人掌周围喷洒水雾。何时浇水取决于仙人掌的品种。大多数仙人掌在夏天每个月只需浇一次水就够了。

如何给仙人掌换盆

仙人掌在野外进化出了刺针来抵御敌人，它们可能也会把你当作坏人。换盆时在仙人掌周围包几层报纸或泡沫塑料。小花盆每年换一次，大花盆每两年或三年换一次。切忌用太大的花盆——土壤太多会使其生长环境太潮湿，因此宽出3—5厘米的花盆就很合适了。

如何让你的仙人掌保持生机

如果仙人掌的叶片有变软的迹象，那很可能是它的根部正在腐烂。这时，你需要检查其根部，剪掉那些沾满淤泥的发霉部分，并停止浇水（见第264页）。如果仙人掌的叶片看起来软弱无力且颜色变浅，那说明它缺水了。这时你需要一次性浇足水，待其土壤完全干燥后再浇下一次水。

听好喽，是玻璃生态缸啦！

众所周知，玻璃生态缸看起来秀色可餐。不同形状和大小的玻璃容器创造出了各种迷你的小气候，这样植物便像回到了自己的原生态环境。正文开始前，我们先澄清一件事情：玻璃生态缸的英文并不是"terraniums"（玻璃生态缸的常用英文复数为"terrararia"）——十个人里至少有八个人都叫错了！在"雅·刺"，我们每周二会举办一次关于玻璃生态缸的活动，但现在你可以做一个自己的玻璃生态缸了。跟随我们的分步指引，做一个微型丛林吧！不管是喜湿植物还是喜光植物，我们都能创造出适合它们的微生态环境。

玻璃生态缸简史

十九世纪，生物学家沃德博士需要一个箱子来装他收集来的飞蛾和毛毛虫。有一天，他正用一个带盖的罐子做试验，突然看到罐子底部的土壤里长出一株蕨类植物。随后，"沃德箱"便诞生了。沃德箱对栽培植物产生了革命性的影响，它使人们可以在不伤害植物的情况下在全球范围内运输植物。这也促使维多利亚时代的人们更加喜爱植物，在很短的时间内，生活体面的人家几乎没有不用玻璃缸养殖植物的。维多利亚时代的人们大胆地构思着他们的玻璃生态缸，在各式各样的玻璃生态缸中，既有小型的"泰姬陵"，也有"布莱顿英皇阁"[1]，风格万千。"二战"后，人们家里剩下的玻璃容器又创造了一股新的用玻璃缸养殖植物的潮流。如今，生活在城市中心的每一个人都可以利用一小块空间、光照和水创造出一片小型的丛林或沙漠。它们不仅可以为现代住宅增添绿意，还可以不受家庭空调或中央供暖系统的影响。

追根溯源

植物在玻璃缸中可以长得很好，因为玻璃缸可以创造一种非常接近植物原生态的微气候环境。玻璃缸分开放式和封闭式两种类型。开放式的玻璃缸可以为喜好阳光的肉质植物创造出明亮、干燥的沙漠环境。封闭式的玻璃缸可以为喜湿的蕨类植物和苔藓创造出温暖湿润的亚热带雨林环境。切忌把不同类型的植物放在同一个玻璃缸中，因为你无法同时为它们创造出适合其生长的不同环境。玻璃缸是通过试错来了解植物的最好方式——一些植物会在其中茁壮成长，而另一些则会枯萎而死。此外，要记得玻璃缸里的植物和其他植物一样也会不断生长！当植物长大时，记得要将它们换到更大的玻璃缸中。

玻璃缸养花注意事项：

- 切忌浇水过多——不理不睬好于过度关心。
- 将花放在明亮的地方，但要避免阳光直射。如果那里的环境是适合你看书的就最好了。
- 植物长大时，要么进行修剪，要么换一个更大的花盆。
- 不要施肥。
- 换土时只需把最上面的一层土壤换为新土即可。

---

1 布莱顿英皇阁是十九世纪英国皇室建造的避暑胜地，位于英国布莱顿市。——译者注

如何制作一个封闭式的玻璃生态缸

这里我们先介绍一点科学知识。在封闭的玻璃缸中，从植物叶片中蒸发出来的水汽可以在玻璃缸内壁凝结成水珠，水珠滑落入土壤被植物根部吸收。这构成了一个生态系统，植物在其中仅仅依靠自己便可以成长。

步骤1 选择容器

选择任何带盖的或有一个小通风口的玻璃容器都可以，只是注意如果选择后者，可能把植物放进去会比较困难。

步骤2 选择植物

选择喜湿的蕨类植物或苔藓。这两种植物在温暖潮湿的环境中会长得很好。正式种植前，把你选好的植物放在一起，看看它们的高度、颜色和质地是否搭配得当。

步骤3 透水性

在玻璃容器底部铺点沙砾和石子。尽管喜湿植物不像仙人掌那么挑剔，但它们也喜欢透水性好的土壤。要注意防止植物根部受潮和腐烂。

步骤4　土壤

在铺好的沙砾和石子上加一层土壤。选用优良的盆栽用土即可。土壤不必铺得特别平整——你可以堆积一些小山丘，创造出不一样的景观。

步骤5　栽种植物

你可以用勺柄在土壤中戳一些洞，再将植物放入其中。种下去后拍拍植物周围的土壤，确保植物已经稳固地扎根其中。

步骤6　场景布置

放飞你的想象力吧。你可以在土壤上面添加各种各样的东西来装饰你的玻璃生态缸。我们喜欢用沙砾、苔藓、细枝、小卵石或浮木创造出一些自然景观，也会用人物、动物甚至史前动物的模型设计出特别的场景。

步骤7　养护

玻璃缸里的植物也需要喝水。封闭式的玻璃缸可以自己创造出一个生态系统，因此不需要太多关注。把它们放在阳光无法直射到的地方，为保证土壤不会完全干燥，每月喷水或浇水一次即可。只要其生态系统运行良好，即便你对它不理不睬，植物依然会茁壮地成长。

如何制作一个开放式的玻璃生态缸

如果想用玻璃缸养殖厌湿的小型沙漠植物，你得选用敞开的玻璃缸，这样植物既不会感到潮湿闷热，又能像回到家园一样享受到温暖的阳光。需要注意的是，不要让玻璃缸内的温度过高，否则植物也会枯萎而死。

步骤1　选择容器

你可以选择普通的玻璃瓶，也可以是泡菜罐子，或者是葡萄酒瓶，甚至还可以用鱼缸。大胆点儿！因为我们在重新创造沙漠植物的原生态环境，所以要确保玻璃缸中的空气保持新鲜，同时不要盖上盖子。

步骤2　选择植物

你可以选择亚热带雨林植物，也可以选择沙漠植物，但不要把它们混合栽种。最好买一些小型的生长缓慢的植物。我通常用小型蕨类植物、龙血树属植物、攀绕植物和网纹草来做封闭式的玻璃生态缸，而用多肉和仙人掌来做开放式的玻璃生态缸。但一次性不要栽种过多植株——小型植物需要生长空间。栽种之前，把选好的植物放在一起，看看它们的高度、颜色和质地是否搭配得当。组合搭配也很重要！

步骤3 透水性

首先要在玻璃容器底部铺一些沙砾和石子。仙人掌讨厌潮湿的土壤，这一层砾石可增加土壤的透水性，防止植物根部受潮腐烂。

步骤4 土壤

在砾石层上面铺一层土壤（沙漠仙人掌专用土）。土壤不必铺得特别平整——你可以堆一些小山丘，创造出不一样的景观。

步骤5 栽种植物

你可以用勺柄在土壤中戳一些洞，再将植物种植在其中。种下去后拍拍植物周围的土壤，确保植物稳固地扎下了根。

步骤6 场景布置

放飞你的想象力吧。你可以在土壤上面添加各种各样的东西来装饰你的玻璃生态缸。我们喜欢用沙砾、苔藓、细枝、小卵石或浮木创造出一些自然景观，也会用人物、动物甚至史前动物的模型设计特别的场景。

步骤7 养护

沙漠植物和你一样需要喝水。照顾玻璃生态缸很简单，秘诀就是不要浇水过多。对于开放式的玻璃生态缸，我们建议每月喷洒一次水。另外要确保植物可以获得充足的光照，但也要小心它们被透过玻璃直射进来的阳光灼伤。

亚热带植物

亚热带植物

· 马氏射叶棕榈

· 吊兰

· 紫苏

· 文竹

· 酢浆草

亚热带植物最佳摆放位置

-让人感觉轻松的明暗交错地带

-湿度较高的浴室（但请优先雨林植物）

-可以避免阳光直射的朝东向窗台

为什么我的棕榈叶子总是会变黄？

我们所熟知或喜欢的大多数盆栽植物都来自亚热带。因此，如何来定义这一类植物呢？基本上，它们可被叫作爱好度假一族。

亚热带植物在美洲、中国、澳大利亚和东南亚都有分布，是典型的度假区景观。雨林植物习惯于在阴暗潮湿的环境中生长，并不断向上攀缘以从冠层植物的缝隙中取得一丝阳光。但这些亚热带植物却常常令人惊讶。它们的原生态环境靠近赤道，因此这些植物常年都能获得充足的光照，并可以适应不同强度的光照水平。像马氏射叶这样的棕榈树已经进化出了宽阔的叶片来获得光照而不被灼伤，而许多小型的植物则生长在棕榈树的树荫下，它们也喜欢阳光，但却不喜欢被阳光直射。如果你计划去亚热带度假，一定要考虑当地多雨的气候。亚热带植物适应了潮湿多雨的气候，但并不惧怕偶尔的干旱时节。潮湿？如果不潮湿那还像一次远行吗？由于没有热带雨林那样的冠层植物来保湿，亚热带的湿润空气流动得也很快。并且，亚热带也是有季节之分的。确切地说，一年只有两个季节：炎热潮湿的夏季和温和凉爽的冬季！这意味着亚热带植物可以适应比较大的温差变化。

我们从中学到了什么呢？

亚热带植物不像雨林植物那样需要通过攀缘获取光照，它们生长的地方光照充足、明暗交错，但大部分的植物不喜欢被阳光直射。这里湿度虽然很高，但潮湿的空气并不会被树木凝结和维持很久，因此亚热带植物也喜欢待在湿度较高的浴室里，但不会像雨林植物那般强烈。亚热带地区经常下雨，但偶尔也会干旱，所以在给亚热带植物浇水方面，你无须那么小心翼翼。此外，由于它们也有冬夏两季，在圣诞节时也可以让其体验一下寒冷。

蜘蛛植物

吊兰

拉丁学名：*Chlorophytum comosum*

养护评语：不难伺候

名字考：吊兰的英文名字叫"spider plant"（蜘蛛植物），即像蜘蛛一样吊着许多腿。

植物小传

吊兰是我最喜爱的植物之一，然而它并未受到人们的特别关注，这让我有点沮丧。让我们来给予它更多的爱吧！吊兰是最好养护的盆栽植物之一，因为它能适应光照、气温和养分的不同变化。此外，相对于其他植物而言，吊兰也很少生病或受虫害影响。而且如果你买回来一株吊兰，慢慢地你就会收获十株吊兰。准备一个足够大的挂架挂几株小吊兰，不久之后你就会看到一面吊兰瀑布墙了。

追根溯源

吊兰源于非洲南部的亚热带地区，性喜阳光。我的地下公寓里有一株吊兰，它在那儿长势并不好。如果长势好的话，它会生出许多新枝条。吊兰喜欢喝水，但冬天是它们通过节食来"排毒"的时候。一个月浇一次水即可。此外，可以时不时地喷洒一些水雾，它们也会很喜欢的。

如何种植小株吊兰？

当看到小株吊兰的新根生出时，将其从靠近茎干的地方剪下，栽入潮湿的土壤中，浇灌充足的水，放在阳光无法直射的较为明亮的地方，保持土壤微湿。几周后，你就会看到新叶长大了。如果你家的吊兰没有生出小吊兰，可能那株吊兰还比较小，你仍需等待。另一个原因可能是花盆太小了，你可以换个花盆再试一试。

我的吊兰怎么了？

吊兰是很难死掉的，但你仍然可以通过一些迹象来判断它的长势。如果吊兰的叶尖呈棕黄色，可能是因为气温太高了。请不要把它放在散热器的附近，最好将它挪到空气流通的地方。另一个原因可能是缺水了。叶尖变黄后就无法再转为绿色了，所以把黄色的叶尖掐掉即可。在冬季，如果叶片上的条纹不见了，那就表明你浇水太多了。

我的吊兰故事

有一位不同寻常的太太时常光顾我的花店，她身着古旧宽松的衣服，趿着一双拖鞋，像蜗牛一般缓慢而笨拙地踱着步子。我第一次看到她时，她挑选出了一株又一株植物，一一将它们带到收银台。那些花总价300英镑，待我回过神来，那位太太已经乘坐一辆黑色小汽车远去了。如今，每一次当她来到我的花店，我都会和店员说，"照顾一下她"。她总会买一株吊兰回去。我想她应该是个百万富翁，家里有一面缀满着吊兰的瀑布墙。

棕枝主日（复活节前的星期日）

棕榈

拉丁学名：Trachycarpus

养护评语：想象你是从洛杉矶带回它的

名字考：棕榈的英文"palm"是"手掌"之意。这些植物因枝干末端有一簇叶子，形似手掌而得名。

我最喜欢的四种棕榈植物

– 荷威棕榈（*Howea*）

– 袖珍椰（*Chamaedorea elegans*）

– 多裂棕竹（*Rhapis multifida*）

– 欧洲矮棕（*Chamaerops humilis*）

植物小传

棕榈是植物界的德罗宁[1]时光机器，帮我们穿越到远古时代或是来到光彩迷人的酒店。我喜欢它们的叶片在房间里层层伸展开来。叶片的大小很重要，小小的空间中养一棵大大的植物——它会立刻让整个空间感觉更大。在"雅·刺"，我们喜欢荷威棕榈——它看起来很经典，但却不是最宽宏大量的一个。如果你没照顾好它，很快就能看到它的报复了。我得不断地修剪发黄的叶片，但所幸新的叶片也总会长回来。

1　德罗宁是电影《回到未来》中搭载时光机器的跑车。——译者注

追根溯源

尽管棕榈总能吸引加州女孩的目光，但它却并非加州的原产物种。你可以在世界各地几乎所有温暖的地方看到棕榈树，因为它们性喜热。但最常见到棕榈树的地方是湿润的亚热带地区。棕榈的扇形大叶片生来就是吸收阳光和雨水的能手，并且由于叶片都错开分布，多余的水分很容易流失。棕榈喜欢阳光，要把它们放在光照充足的地方，但要注意防止日灼。它们的适应力也很强，如果光线稍暗，棕榈也可以活下来，你总会看到它们的叶片往向阳的地方伸展。棕榈树干被一层层的老叶柄覆盖，这使其内部的热量得以保存。棕榈的原生态环境很湿润，所以你需要不断地给它浇水，彻底浸透它，尤其是夏天，但请不要让它受潮。它们也喜欢湿度较高的空气，所以你最好时常在叶子上喷洒点儿水雾，但冬天除外。

如何让你的棕榈保持生机

棕榈叶片应该呈健康的深绿色。若叶片变成棕黄色，那就意味着空气太干燥，要继续喷水。如果缺水了，叶片会变成黄色。棕榈的大叶片容易被尘土覆盖，这会减慢它的光合作用，所以也要经常擦拭一下叶片。

三角酢浆草

拉丁学名：Oxalis Triangularis

养护评语：喜欢社交活动的植物

名字考：对于三角酢浆草来说，"三"是个神奇的数字，它还有三个常见的名字：假三叶草、紫叶酢浆草和爱心草。

植物小传

三角酢浆草就像翩翩起舞的飞蝶，每根枝条末端都对称地长着三片紫色心形

叶片。三角酢浆草可以开出白色的小花。花和叶片感光，当它们结束了白天的舞蹈后，随着太阳的落山，叶片会在夜间下垂。

追根溯源

三角酢浆草原产于南美洲——它在巴西随处可见！无论在岩石缝隙，还是在溪流边，都可以看到酢浆草的身影。此外，酢浆草在亚热带的林地、公园甚至荒地都很容易成活。所以，酢浆草对环境并不挑剔，你也可以把它放在阳光灿烂的窗台上（夏天还可以放在窗外，但气温不要超过24℃）。酢浆草性喜阳光，请不要让它们受潮，至少要等表层2.5厘米的土壤干透之后再浇水。

花期

一株健康的三角酢浆草会长出许多漂亮的花和叶。酢浆草开花时，请每两周浇一次1：1兑水的液肥。当花期结束后，每两个月浇一次液肥即可。

我的酢浆草怎么了？

酢浆草可以自己起死回生！像其他球根类植物一样，紫叶酢浆草一年需要一次或更多次的"休眠"，特别是在秋天。如果酢浆草开花后有些萎靡，那就不要再浇水了，让它休眠一个月。待它重新恢复生机再像往常一样开始浇水和施肥。

酢浆草一般不会生虫害。在把酢浆草带回家前，请检查其叶片下方是否有蚜虫、叶螨或其他害虫，以防后患。如果你真的在酢浆草叶面上发现了大批害虫，而你却束手无策时，只需等待植物再度进入休眠期，再将全部落叶碎屑和害虫清除即可。

地中海植物

地中海植物

· 天竺葵

· 茉莉

· 柠檬树

地中海植物最佳摆放位置

- 阳光灿烂的窗台

- 空气清新的阳台或其他户外空间（它们怕冷，冬天要将其搬回室内）

为什么我阳台上的茉莉花总是挣扎着往外生长——我想会不会是它想晒一晒冬日的太阳？！

因此……嗯，我已经养成了出国就疯狂给花拍照的癖好。陪我一起度假的同伴总是嘲笑我，因为他们常常突然看不到我了，最后发现我正在马路旁拍花！没错，我就是喜欢观察周围的各种花花草草。

地中海区域的植物色彩多样，气味芬芳。它们可以将你的混凝土墙壁变成一片绿洲。挑选花盆时，可以考虑色彩明亮的红陶瓮、带花纹的瓦罐或老式的酒壶。如果家里的空间允许，可以加一张小桌子和一把椅子来创造出一片只属于你自己的秘密花园，让你远离世俗生活的喧嚣。

地中海气候的特征是夏季炎热干燥，冬季温暖湿润。这意味着原产于地中海区域的植物适应能力很强，可以忍受干燥的空气和潮湿的土壤。请将这类植物放在你家里最明亮的地方，如果你打算夏天时把它们放在窗外，要记得在霜降前搬回室内，因为它们可能从未见过雪。夏天也要给它们浇足水，不过记得土壤的透水性也要强。在冬天也要注意多浇水——它们可能仍然很渴。

那么我们从中学到了什么呢？

将这类植物放在明亮的窗台，它们可以享受如在地中海般的日光浴。如果你打算把它们放在窗外，不要忘记霜降前搬回室内——这类植物不喜欢寒冷。不要忘记浇水，特别是在冬天，但每次浇水前一定要让土壤干透。

闻起来有香味的天竺葵

天竺葵

拉丁学名：Pelargonium

养护评语：光照良好浇水充足时，它们会很
开心

名字考：如何鉴别天竺葵呢？摩擦一下它的
叶片，如果散发出了香味，那可能就是它了。[1]

植物小传

　　我依然记得小时候在外婆家闻到天竺葵时甜甜的感觉。那时候，外婆家的前
院、后院和房子里都栽种着天竺葵。但千万别因此把天竺葵当作老古董啊——如
果你从未养过天竺葵，那以后一定会喜欢上它的。更神奇的是，天竺葵可以模仿
其他东西的香味，比如玫瑰、柠檬、青柠、菠萝、巧克力和椰子，等等。尽管天
竺葵有时也会开花，但它最吸引人的还是那芳香四溢的叶子。我喜欢它们叶片的
质地和形状，它们也有许多不同的种类。若要释放出天竺葵的香气，路过它的时
候你去挤压或揉搓一下叶片即可。天竺葵特别受英国维多利亚时代人们的喜爱，
他们会把天竺葵的叶片泡在洗指碗里，供客人在用餐时洗手。对了，天竺葵的叶
子也可以食用！

1　天竺葵的英文名为"Scented Geraniums"，其中"scented"的意思是"芳香的"。——译者注

追根溯源

天竺葵特别喜欢晒太阳。明亮的阳台和户外场所对天竺葵而言堪称完美家园，向阳的室内窗台也勉强可以落脚。天竺葵虽然不喜欢过于潮湿的土壤，但它对土壤类型并不挑剔，只需透水性强的土壤就好。不理不睬好于过度浇水——定期浇水，每次浇水前要等待土壤干透。地中海气候冬季也很温暖，所以不要让天竺葵经受霜冻。天竺葵喜欢漂亮的发型，所以，大胆点儿，时不时地修剪一下它的枝条，并留意新芽的生长。

如何让你的天竺葵保持生机

一般而言，天竺葵很好养护，它几乎不生虫害。定期浇水，施一点儿肥，时不时修剪新枝，这些都会帮助小天竺葵茁壮成长。如果叶片褪色，那可能是天竺葵"饿了"，你需要给它施点儿肥；或者可能是受潮了，再次浇水前一定要让土壤干透。

然后就是茉莉

茉莉

拉丁学名：Jasminum sambac

养护评语：性喜光，需要经常浇水

名字考：茉莉的英文名"jasmine"来源于阿拉伯词语"yasmin"，意为"来自上帝的礼物"。如果你有幸闻到了茉莉的芳香，你将终生难忘。

植物小传

我最喜欢地中海夜晚的空气。我坐在"雅·刺"门口，手里握着一本园艺书，这时一股清香飘来，一瞬间，整个世界都变得鲜活起来。我常常沉醉在茉莉的芬芳中，它是那么清甜、柔和而又风情万种。你可以试试种植一些多花素馨，多花素馨非常适宜在室内栽培，冬天开花，在夜晚降临时，它总会散发出迷人的香气。

追根溯源

茉莉有200多种不同的品种，全部来源于木犀科。夏天，茉莉花喜欢待在太阳可以直射到的光线明亮的地方——朝南的向阳窗台是摆放茉莉的最佳位置。在室内栽培茉莉时，最重要的一点是注意温度：夏天它们喜欢待在太阳底下，但当冬天茉莉进入花期时，它们讨厌太热，因此要确保其远离暖气和潮湿的浴室。给茉莉浇水时，尽量保持土壤湿润，但不要造成湿涝。茉莉开花时会变得很渴，如果你让它太干，茉莉花也会变干。如果茉莉不开花，你便要检查一下它的生存条件。茉莉也是攀缘类植物，它们需要一些支撑物来帮助生长。我喜欢让我的茉莉沿着窗户生长，这样房间内外都会芳香馥郁。

如何让你的茉莉保持生机

浇水不足时，茉莉的叶片和花都会变成棕黄色。要让茉莉茁壮成长，一定得帮它修剪枝条。花期过后，要及时把开过花的枝条剪掉，否则会抢走主枝条的营养，而且如果修剪不及时，可能新生的枝条也需要被剪掉。

自己种一株柠檬树

闭上眼睛时，我会在西西里岛——一只手端着红酒，另一只手拿着洒水壶。睁开眼睛时，好吧，我可能还是在阴雨绵绵的伦敦，但我面前的柠檬树总让我想起那些晴朗的天气和各种好酒。只要阳光充足，花盆足够大，土壤排水良好，地中海区的柠檬树从不介意被当作盆栽植物。

浇足水，每天喷洒水雾，保持土壤湿润。夏天要将柠檬树放在室外，让它有回家的感觉，冬天再将其搬回室内。如果你想栽种多棵柠檬树，选择那些矮小的品种吧，比如适应力很强的梅尔柠檬，这种柠檬树在春天可以开出许多花，极其慷慨。选择那些至少有两岁大的柠檬树，它们很快就会让你尝到果实。

或者，你也可以从种子开始种植一棵柠檬树。这是一项大工程，但你所需付出的代价比机票便宜很多：

1.拿一颗健康的柠檬，用餐时将柠檬汁挤干，保留种子。

2.倒一些水浸泡柠檬种子，浸泡一晚。

3.第二天早上，准备一个排水良好的花盆，将柠檬种子埋进土壤里大约1.5厘米处。

4.将埋有种子的花盆放在温暖阴暗的地方，等待种子发芽。

5.如果有一点发芽的迹象，那说明你的柠檬树就要开始生长了。

6.将花盆搬到明亮的地方，剩下的请参考养护指南。

沼泽地

肉食植物

· 捕蝇草

· 大猪笼草

· 黄色猪笼草

· 捕虫堇

· 眼镜蛇百合

· 蕨类植物

湿地植物最佳摆放位置

- 任何有水的房间

- 水汽充足的浴室

- 朝东的窗台

为什么我只离开了一周，我的猪笼草就死了？

当我告诉一位客广猪笼草属于沼泽植物时，她想到了楼下的厕所，我快笑死了。不，我指的不是厕所，我指的是那几种盆栽植物的原生态环境——气候湿润的沼泽地[1]。要想养殖地球上最为奇异美妙的植物，虽然家里并不需要一块真的沼泽地，但你得拥有同样奇特的思维。

这里所指的沼泽主要是贫营养沼泽。贫营养沼泽在北美、欧洲和亚洲的寒冷地区或极地较常见，在热带或亚热带的高海拔地区也有分布，如美国的内华达山脉[2]上。沼泽地区的主要特征之一是周围不断有水流经地表上层或下层。尽管这听起来像是盆栽植物梦寐以求的生长环境，但持续的水流会冲走土壤中的营养成分。因此，一些湿地植物已进化出从别处寻找营养的本领，比如下一页提到的肉食植物。湿地植物已适应了常年湿润的生长环境，因此在养殖这种类型的盆栽植物时切记保持土壤湿润，一刻都不能让其变得干燥。

湿地中也有很多蕨类植物，其中很漂亮的一种蕨类植物叫桂皮紫萁，即肉桂蕨。肉桂蕨是一种附生植物，它依附在其他植物（如邻近的大树）上生长，可以自己从空气、雨露和周围的腐殖质中吸收水分和营养，而不对寄主造成伤害。我们已经知道，蕨类植物喜欢雨林底层湿润的生长环境，请参考第51页和第52页选择合适的蕨类植物盆栽。

我们从中学到了什么？

湿地植物喜欢潮湿的环境。有时候我会拿植物做试验，比如把猪笼草放在一边，几天都不浇水，结果它一点儿也不喜欢，全都枯萎了。朋友们，这类植物的土壤一定要湿漉漉的！由于它们的原生态土壤缺乏营养，湿地植物需要从光照中获取能量，所以请确保其光照充足，但要防止日灼。

1　作者此处的"沼泽"使用的是英文"bog"一词，该词在英文中亦有"厕所"的意思。——译者注
2　内华达山脉位于美国西南部，海拔1800—3000米。——译者注

肉食植物

注意：养殖肉食植物要耗费很多精力，因为这类植物对水的要求很高，且需要很多水。没错，自来水无法满足肉食植物。它们已经进化出从食物中获取营养的本领，你用一般的水是骗不了它们的，因为普通水中含盐量较高，盐分会烧伤其敏感的根系。如果你觉得自己经济条件一般，那就浇凉白开水。在肉食植物的

原生态环境中，水流冲走了土壤中的营养，于是这类植物靠吃昆虫来果腹。为吸引猎物，肉食植物会释放香气或生产花蜜。可怜的昆虫被诱骗入陷阱后被植物富有黏性的花瓣或叶片所包裹，随后植物利用自身的酶将昆虫分解成其所需要的营养从而为自己所用。

肉食植物习惯了湿润的生长环境，但因其原生态环境有水流不断经过，所以它们喜欢排水性良好的土壤。此外，由于其天然土壤缺乏营养，肉食植物已经适应了这种土壤环境，所以栽培肉食植物时，请勿在土壤中施肥。肉食植物还需要充足的光照来确保其消化系统运作良好，但也要避免阳光直射。另外，切忌用猫粮或剩菜剩饭给植物施肥！如果你想喂，可以甩一只死掉的苍蝇进去，但一定要确保苍蝇是新鲜的。

捕蝇草

如何捕虫？这类植物自带"合叶"可供其叶片自由开合而捕捉昆虫，然后再开始咀嚼！

谁吃苍蝇？维纳斯捕蝇草是最臭名昭著的一类肉食植物。

当心！请勿通过触碰其叶片等方式"戏弄"肉食植物，人为地让叶片突然闭

合，轻则损伤植物，重则导致植物死亡。

猪笼草

如何捕虫？猪笼草自带装满水的漏斗，昆虫掉入漏斗中后便会慢慢溺水而亡。

当心！猪笼草的种类很多，需求也各不相同。一些猪笼草会"很难伺候"，所以请提前做好功课。

黏性叶片植物

如何捕虫？这类安静的杀手利用其茎干上的黏液来诱捕昆虫。

谁？捕虫堇是有名的拥有黏液捕虫器的肉食植物。

注意！捕虫堇的拉丁学名是"Pinguicula"，意为"有点油腻的东西"，指的是它们叶片表面那层像油脂一样的物质。

如何让你的肉食植物保持生机

肉食植物在冬天会休眠，此时它们的叶片会自然变干。如果你看到叶片有死亡的迹象，不要害怕，把发黄或棕黄的叶片从根部掐掉即可。此外要注意防止蚜虫，它们能逃过肉食植物的魔爪。

一个有趣的事实

猪笼草的英文为"pitcher plant"（水壶植物），这个绰号来源于它是一种方便的饮水器。它因特殊的结构成为猴子，甚至是人类在野外口渴时用来饮水的容器。

气生植物

气生植物：铁兰属

养护评语：极其好养

名字考：顾名思义，气生植物即生长在空气中的植物。

植物小传

无须土壤就可以生长的植物吗？太神奇了！气生植物经过数千年的进化已经具备了一些异于其他植物的奇妙特质。此外，气生植物的外表也非常可爱。它们叶片蓬松，体态优雅，开花和"生子"前会害羞地红了脸。气生植物可以从空气中获取水分和营养，并可以利用自身的根系攀附在任何地方生长。气生植物品种繁多，其质地、色泽和花朵都各不相同。气生植物还可以从很小的植株生长成为大型植物。因而，你可以根据需求，发挥自己的创造力，利用气生植物装饰家里的阳台、小花园或墙面，或者像"雅·刺"一样用它们装饰你最爱的塑料恐龙（请参考第102页）。

追根溯源

气生植物原产于美洲，它们喜欢温暖的气候。然而，因为气生植物已适应了变化多样的环境——无论是高山之巅还是湿润的沼泽地，它们在缺乏养护的情况下也能长得很好。气生植物也属于附生植物的一种，能攀附在其他植物上生长而不对寄主造成伤害，因此这类植物实际上可以在任何东西上生长。在野外，气生植物的寄主可为其遮挡阳光，因而若把它们作为盆栽植物，最好放在明亮但阳光无法直射到的地方，比如，门廊。气生植物可以从空气、雨露和周围的腐殖质中获取水分和营养，因此你无须担心施肥的问题，但要经常在其周围喷洒水雾，保持较高的湿度。尤其当你住的是空调屋时，夏天要每天喷洒水雾，冬天则一周喷洒一次或两次。为了将珍贵的水分储存下来，气生植物会在夜间进行呼吸。这意味着你最好不要在晚上给它们浇水或打扰它们。

如何给气生植物浇水

你无须弄湿家里的地毯，只要每隔几周将气生植物放在盛有水的碗中为它们沐浴一次就好了。确保植物完全被水浸泡，过半小时左右再将其取出。气生植物只吸收它们所需要的水分，因而这样做并不会导致浇水过多。沐浴结束后，将植物取出，倒立摇晃至水干，再将它重新悬挂起来。请注意不要让植物受潮，否则很容易腐烂。

可爱的植物宝宝

如果把你的气生植物当作母植株，那由它繁殖出的新植株就是植物宝宝了。通常，一株气生植物可"生出"多达一打的植物宝宝，所以请准备好建立一个气生植物大家庭吧！将母植株在水碗中浸泡两到三个小时，待其充分吸水后取出，用手指轻轻拨开叶片找到子植株，然后慢慢将子植株与母植株从根部分离，注意不要从脆弱的叶尖拉扯子植株。将分离出的子植株在水中浸泡后悬挂起来，一天喷洒两次水雾。

开花

只要你用心养护子植株，它们就有可能开出漂亮的花朵。如果你非常渴望植物开花，购买时请挑选那些已经长出子植株的气生植物。铁兰属植物成熟后就会开花，并且其一生只开一次花。母植株在接近成熟时就会开始生长子植株，之后母植株便死掉了，但每个子植株又会不断生长开花。不同品种的气生植物花期也不同，持续时间从几天到几个月不等。

造型

拥有气生植物的最大益处是可以设计不同的花艺造型。尽情发挥你的创造力吧！要固定好它们你只需要胶水、U形钉或金属丝就足够了。但注意别用超强胶或铜丝，它们会把植物弄死，并且也别把叶子钉起来！

如何让你的气生植物保持生机

杀死气生植物最简单的方法是浇水后不处理其根部的积水。切记每次浇完水将植物倒置摇晃，再将植物放在阳光无法直射到的明亮场所晾干。如果你仍担心有积水，可以用纸巾将剩余的积水擦干。若气生植物叶片颜色变淡、蜷曲或产生皱褶，或者叶尖变成棕黄色，那可能是因为它缺水了。这时，将它放在水中浸泡一晚就可以了。如果底部叶片变成棕黄色，别担心，这是正常现象，把这些棕黄色的叶片掐掉就好了。

如何制作恐龙系列气生植物

气生植物系列的塑料恐龙是"雅·刺"的最爱。没有根，没有土，不用担心死亡，这些恐龙身上的气生植物最好养活，同时也是人们挑选礼品时非常喜爱的植物款式。好奇是怎么做的吗？一起来看看。

1.取一根胶棒。

2.取一株气生植物。

3.取一个塑料恐龙（我们通常会去亚马逊网上挑选和购买）。

4.用胶棒将气生植物粘在恐龙身上（记得隐藏胶水痕迹）。

5. 跑起来!

6.开玩笑的，你已经成功啦。

养殖盆栽准则

养殖盆栽植物的秘密是什么呢？观察，观察，再观察。植物不是一夜之间死掉的。如果你能保持每周日上午给它们一些养料，并（像我一样）喷点水，那么很快你就会见证它们良好的生命状态了。为了让你的植物快乐地成长，请遵守以下原则。

1.首先尊重植物，其次考虑风格

这条原则对于养殖任何盆栽植物都适用。你可能觉得仙人掌放在地下室看起来很不错，但对于喜光的沙漠植物而言，阴暗的地下室会令其痛苦不堪。请追根溯源（见第69页），将它放在合适的地方。不要害怕，有一些植物是喜欢这种环境的。当你知道自己能为植物做什么时，任何空间都不会显小。任何地方都有适合摆放的盆栽植物，大胆点儿，不要害怕将植物搬来搬去，注意观察它们的变化。如果绿植在它的新家看起来不是很开心，那么给它换个地方摆放吧。把有相似需求的植物放在邻近的地方，这样养护起来会很方便。在每个房间都准备好相关工具，比如客厅里为雨林植物增加空气湿度的洒水壶，厨房里自制的植物肥料等。

嘘！从其他人的植物上取一片叶子下来……

好吧，不要当真（尽管有时候你可以尝试下）。我的意思是，请注意观察别人在哪里养绿植，这是一条成功的捷径。观察一下你所在的街区，是否某个饭店或

房屋租售中心的窗台有一株长势很好的玉树？瞥一眼邻居家的屋子，你有没有注意到那棵茂盛的无花果树？楼下邻居家的阳台是否有一株茁壮成长的竹子？办公室里坐你对面的那个女孩是否正得意扬扬地为她的仙人掌浇水？如果这些人可以在那些地方种植那些植物，那么你也可以。

2.请将盆栽植物放在有光的地方

许多来我花店的人都问过我植物能否在没有光的条件下生长。答案是，不可以！所有植物的生长都需要光。为什么？科普时间到了，请注意：植物将空气中的二氧化碳和土壤中的水结合，从而制造它们生长所需的养分。而要顺利地制造出所需养分，植物需要能量，这个能量便来源于太阳。此过程叫作光合作用。如果没有阳光，植物将因获取能量不足而枯死。植物所需的阳光多少取决于它们的原生态环境，比如，沙漠植物需要充足的光照，但某些沼泽植物则只需一点点阳光。我所说的"一点点"并不代表"没有"，明白吗？

现在你知道阳光的重要性了，那么你家里可以获得的光照有多少呢？首先，你需要弄清楚家里窗台的朝向，从而明白房间各处所获光照的水平。如何确定窗台的朝向呢？用你手机上的指南针就可以了！但要注意，即便窗台是朝南的，你也得注意窗台对面是否有大型建筑遮挡阳光，要确保这些窗台都可以获得与其位置相对应的充足光照。

朝北

光照：朝北的窗户获得的光照极少，可将其作为阴处。

注意：切忌将喜光植物放在朝北的窗台，它们不会喜欢那里的。

适合：不喜欢阳光直射的植物。

推荐植物：波士顿蕨。

朝南

光照：朝南的窗户所获的光照最多。

注意：夏天气温非常高，要注意防止植物被日灼。

适合：喜光植物。

推荐植物：喜欢日光浴的肉质植物。

朝东

光照：朝东的窗户可以获得一些光照，但没有朝西的窗台那么多。

注意：朝东的窗台获得光照的时间较早，这意味着它也可能会出现霜冻。

适合：不喜欢阳光直射的植物。

推荐植物：文竹。

朝西

光照：朝西的窗台可以获得温暖而充足的光照，但其光照强度不如朝南的窗台。

注意：如果天气非常晴朗，朝西窗台上的植物也可能得日灼病。

适合植物：喜欢明亮但不喜欢阳光直射的植物。

推荐植物：龟背竹。

别忘记关灯！

地球上大多数植物已适应了昼夜循环，因而，它们也需要黑暗。如果你开始担心放在常年不关灯的办公室里的那些盆栽，其实也没必要。对于源于赤道附近的大多数热带植物而言，在其原生态环境中它们每天有12小时可以获得充足的光照。而办公室里每天24小时的微弱光照正好弥补了光照强度的不足。不过，把植物放在办公室确实挺可怜的。

3.让空气流动起来

和人类一样，植物也需要呼吸空气，因此请确保你的植物处在良好的通风环境里。在夏天要保持窗户敞开让新鲜空气进入。大多数植物讨厌穿堂风，因此要避免将它们放在经常有疾风穿过的地方。如果你住的地方无法打开窗户，可以利用空调来创造一些微风，但不要将植物放在通风口的位置。

4.增加空气湿度

我们所说的湿度是指空气中的水汽含量。那些来源于热带地区的盆栽植物需要在湿润的环境中才能茁壮成长。厨房和浴室特别适合喜湿植物，因为这两个房间常有水汽升腾。但如果你想把热带植物放在客厅，那就得考虑到冬天的暖气会使水汽迅速蒸发，这时你的房间会像沙漠中一样干燥。不要急，有一些简单的方法可以帮你增加植物周围的空气湿度。比如准备装有鹅卵石的托盘或喷洒雾状水等。更多方法请参考盆栽植物医院（见第272页）。

5.关于温度变化对盆栽植物的影响

热带地区的气候通常比较温暖，因此来自热带的盆栽植物也更喜欢待在室内而非花园里。然而，比起热带雨林，室内的光照水平和空气湿度都较低，这意味着室内比起这些植物的原生态环境温度也会低一些，尤其是在晚上。但这并不是说你得在睡觉时把暖气打开。本书所介绍的大多数适应力强的植物放在普通家庭的室内都是没问题的，只是需要注意以下几点：

－如果你家里用的是老式垂直推拉窗，注意冬天不要将怕冷的植物放在窗台上，可考虑用沙漠植物替代，因为它们适应了寒冷的夜晚。

－季节变化也会影响室内温度。就像人一样，气候干旱时植物也需要喝更多的水。因此，要小心炎夏时节别让植物中暑。

－来自热带和地中海气候区域的植物无法忍受霜冻，因而请确保在寒冷的冬夜植物叶片不会触碰到窗玻璃。

－切忌将植物放在靠近暖气的地方。

6.对盆栽植物而言，任何空间都不小

如果你发现了一块儿宝地，马上行动起来吧！相信我，那里可以摆放许多盆栽的。在我那个只有一张床的像鞋盒子一样的公寓里，我养了40多种大小不一、形状各异的植物。我的浴室里也充满了喜湿的雨林植物，而那些阳光灿烂的角落则被我摆满了仙人掌。植物们摆放在一起不仅看着壮观，而且也有助于增加空气湿度（见第193页），给它们一起浇水时也很方便观察植物变化。如果你觉得自己的公寓很小，没有摆放植物的空间，要记得，只要发挥自己的创造力，没有什么不可能。墙壁和天花板也有生长植物的可能哦！请参考龟背竹那一节（见第59页）。

室内盆栽养殖准则

许多人走进花店是想为某个特定的房间寻找一种植物，然而又苦恼于所选择的植物买回去后长势会不好。把植物搬到别处试试吧！穿堂风、光照或暖气等都会影响植物的生长状态。请大胆地为植物搬家吧，直到找到它们满意的地方为止。

雨林植物适宜居所

浴室

对于喜湿植物而言，浴室里经常温暖而湿润，是完美的雨林气候。这些植物通常生长在雨林底层，头顶被高大的树木所遮蔽，因而它们不需要太多的阳光。如果你的窗户是磨砂的但又不完全遮光，那么它就像雨林冠层一样，可以遮挡阳光，但仍可以留下斑驳的光影。你可以试试放一盆喜湿的网纹草或一些蕨类植物在浴室里。但千万不要把肉质植物放在那儿，它们原本生长在干旱的沙漠地区，浴室会让其痛苦不堪的。

废弃的壁炉

废弃的壁炉可以为吊兰等植物创造完美的弱光环境。蕨类植物也喜欢这样光线较暗的角落。但记得要经常给它们喷洒水雾，保持其周围的空气湿度。

朝北的窗台

朝北的窗台不会被阳光直射，适合摆放喜阴的雨林底层植物。你可以找那些喜欢弱光环境而又特别讨厌阳光直射的植物，比如铁线蕨，它们的叶片很敏感，放在这里不用担心日灼。

烧水壶旁

你在厨房烧水泡茶时一定有许多水蒸气吧？试试放一盆喜湿植物在那儿吧。不要把植物和烧水壶放太近，但要保证每次你烧水时蒸发的水汽会经过这盆花。邀请网纹草来这里喝杯茶吧，看看它会有什么反应。

洗碗机旁

洗碗机工作时可在厨房中创造出一小片温暖的区域，而且每次你打开柜门时都会有一股温暖的空气扑面而来。你可以试试放一盆血苋属植物在那儿，这种热带植物比较难养，但让它靠近水会好一些。

客厅

我这里所说的客厅是那些只有一两扇窗户的客厅，就像那种明亮但光照有限的气候环境一样。在这样的空间中，不要摆放只在雨林底层生长的植物，要放那些喜欢攀附生长来获得阳光的雨林植物。并且，客厅也有足够的空间让它们生长。攀缘植物在雨林中同样会被冠层树木遮挡阳光，所以在室内摆放时要远离阳光可以直射到的地方。我推荐你选择龟背竹这样的大型植物，它会利用自己的气根生长得很茂盛的。

有天窗的房间

雨林植物习惯在冠层枝叶的遮蔽下生长，因而它们也喜欢那种带有磨砂玻璃天窗的房间。这样的房间适合摆放爱好攀爬的喜林芋属植物，记得给它们准备供其攀附的支撑物哦！此外，用流苏绳将喜阳光的肉质植物挂在天窗下生长也是不错的选择（只要不是潮湿的浴室就好）。关于肉质植物，我推荐选择完美无死角的玉缀。

沙漠植物适宜居所

朝南窗台

长于沙漠中的肉质植物适合放在家里既明亮又通风的地方，那么阳光明媚的窗台便是首选。把仙人掌们摆放在一起可以方便你进行养护，切忌浇水过多。要让它们快乐地生长，一定得光照充足。经常转一转花盆，这样植物的每一侧都可以获得阳光。夏天，玻璃会使光线发生反射，这有时会灼伤肉质植物。如果有日灼的迹象发生，请立即将植物搬到光照充足但不会被直射到的地方。

明亮的墙壁

你注意到家里那面常常洒满阳光的墙壁了吗？我的朋友，那儿也是一处种植肉质植物的宝地。是时候行动起来了，在墙上装一个小搁板，摆几盆多肉吧！

亚热带植物适宜居所

度假胜地

亚热带植物对待生活的态度都很轻松，它们喜欢随遇而安。就像我们去度假的地方一样，它们喜欢有一点儿阳光，有一点儿荫蔽，同时空气湿度适当的地方。不过亚热带植物通常适应能力也很强。如果你家里的客厅或门廊白天光照充足且阳光直射时间不是太长，那么这些地方就很适合摆放亚热带植物。我最喜欢的植物之一网纹草就喜欢日照较少的环境，棕榈则喜欢较为明亮的地方。亚热带植物不会介意你将它们摆放在湿润的浴室，但请首选雨林植物。

地中海植物适宜居所

户外

原产于地中海的植物喜欢既有阳光也有荫蔽，同时排水良好的生长环境。我个人最喜欢的地中海植物是香叶天竺葵。虽然并非每个人都有条件在室外种花，但你的家中可能有让你意想不到的更多选择。比如你家门前的台阶，抑或一个可以安装花箱的窗台。只要那儿晒得到太阳，你就可以（放心地）经常浇点水，你的那片小花园一定会日益壮大的。注意观察它们，气候变冷时要将花搬回室内。

沼泽植物适宜居所

盥洗室

只要是有水的地方就适合沼泽植物的生长。每天给它们浇水将是你的义务。此外，肉食植物喜欢开窗的地方，这样它们每天都有苍蝇吃。

气生植物适宜居所

门厅

光照良好但空间较小的门厅是养殖气生植物的好地方。气生植物喜欢待在墙边上，把空间留给喜欢地面的植物。气生植物不会被调皮的狗所袭击，因为它们大都长在树木之上。也因此它们喜欢有一点荫蔽的明亮场所。冬天光照减弱时，要把它们搬到明亮一点的地方。此外，要注意通风，适当浇水，避免太冷的环境。

更多可能性

零光照之地

好吧，我知道了——那个房间又黑又脏，但你又急切地希望有一盆绿色植物将这里装扮成一个瑜伽室。你有两种选择：1）摆放一盆植物，等它痛苦而缓慢地死掉，三个月后再换一盆新的。残忍！ 2）每隔几天将这个房间的植物与放在向阳处的植物交换摆放，这样它们可以时不时获得一次喘息的机会。但我并不建议这样做，因为这对植物而言非常痛苦。如果你真的急于改变这个房间，可以考虑安装人造光源。

角落

植物爱好者都喜欢把家里的角落摆满植物，不浪费家里闲置的空间。来源于凉爽山林的植物基本上都喜欢靠墙的地方，因为它们习惯了阳光被树木所遮挡，对光照的要求很低。绿萝就是摆放在房间角落的不错选择。放一盆绿萝在那儿，很快那块原本空荡荡的角落就会遍布绿色，因为它们喜欢向外生长从而获得阳光。

楼下的盥洗室

这个特别的地方适合摆放喜阴植物，比如蕨类植物，但要记得放个洒水壶在它旁边，保持其周围较高的空气湿度。此外，苔藓植物生态缸、喜林芋属植物和吊兰也是不错的选择！

厨房

不同的厨房虽然在光线、温度和湿度上各不相同，但它们通常都有一扇明亮的窗户。这里是种植果蔬的好地方。你可以种一株好养到让人难以置信的番茄，也可以试试栽一株牛油果树，或者建一个时髦的室内香草园（见第158页）。这样不仅很实际，还方便你观察和养护。栽培这些植物需要耗费大量的水。每天洗碗时记得随时观察它们，你会慢慢明白它们的饮水习惯的。

卧室

生活＝压力大。植物＝平静。卧室作为我们休息和放松的地方，摆放一盆植

物既可以净化空气，又可以令我们身心愉悦。试想，你每天起床时都有一株琴叶榕摇晃着叶子问候你，那是多么美好的一瞬呀。许多植物都有疗愈的功能（见第195页），原则还是一样的，你需依照卧室里的气候条件选择合适的植物。如果你的卧室又明亮又宽敞，可考虑放一株棕榈树。如果你的卧室温暖而湿润（你在里面干吗呢？），那么最好摆放一些雨林植物。

阳台

如果你的公寓位于建筑高层，那么阳台一定能够最先感受到天气的反复无常。此时，你就得选择那些习惯了刮风下雨的海岸植物。海石竹在那儿可以长得很壮观，微风起时，草儿优雅地弯下腰，形成一片红绿相映、高矮相称的美景。此外，也可以养竹子，竹子长而结实的茎干可以抵御各种恶劣的气候。

让你的办公空间焕发绿意

开花店前我一直在给别人打工。因而，我很明白在办公室里工作的感受。窗户总是关着，空调开得很猛，还有永远晒不到太阳的小隔间，这些似乎都是植物的噩梦。但事实上，只要选对植物，它们在办公室一样可以长得很好。植物可以使办公室焕发生机，从而令人们的工作更加高效。植物的叶片和茎干还可以吸收噪声，喧嚣的周五也因此安静了一些。

老板们应该让办公空间多一些绿意。大量研究表明绿色植物可以改善办公环境：它们可使员工改善心情，提高产出，降低员工生病和工作时走神的概率，甚至只要在桌面上能看到绿色植物，员工的工作专注度就会更高。许多公司耗资租赁昂贵的写字楼，购买各种时髦的装饰品，但里面能看到绿色吗？不能！如果你有一块办公空间，无论大小，请考虑摆放一些绿色植物！

然而，在去花店前，各位老板还需考虑几个问题。为办公空间添置绿色植物适用同样的盆栽养殖原则，怎么做呢？让我们一起来追根溯源……

空间位置、光线、空气、温度等因素决定了你应选择哪种植物以及应将植物摆放在哪里。请考虑你的桌面是否阳光充足，或者是否有一个可以摆放吊兰的架子，如果有，我祝愿你的植物幼苗可以茁壮成长。

书桌伴侣

在哪儿？光照充足的桌面。

谁？喜光的肉质植物。

怎样浇水？每月一次。

注意！确保植物不会被太阳灼伤，发生日灼后，请搬走植物。

书架伴侣

在哪儿？那些需要一小株云杉的书架。

谁？吊兰。

怎样浇水？夏天多浇水，冬天少浇水。

注意！吊兰很容易养护，只需注意把控浇水。

文件柜伴侣

在哪儿？文件柜上。

谁？绿萝。

怎么养？它们对光照多少从不挑剔，一周浇一次水就可以。

注意！不要把文档弄湿！

养殖绿萝需要用无孔花盆，或在

我喜欢伦敦"克拉普顿电车"摄影工作室，天花板上挂满了绿意葱茏的蕨类植物，俨然一个植物天堂。

花盆底部放一个托盘，从而防止水分流失。

遮挡视线的植物

在哪儿？放在地面上遮挡视线。

谁？龟背竹。

怎么养？等土壤干透后再浇水，浇水一定要浇透。

注意！龟背竹的叶片可能会很好地帮你挡住老板的视线，但要记得旋转花盆，让所有叶片都均匀地享受到光照。

地板守护者

在哪儿？可以接收到散光的明亮角落。

谁？橡胶树。

怎么养？一周浇一次水，将它放在靠近水壶的地方，这样便可以时常受到水雾滋润。

注意！小心被椅子撞到。

等等！谁来为植物浇水？

老板，你得制定一个浇水规则了，因为几杯凉茶或浇水过多就能给仙人掌带来灭顶之灾。我的建议？你亲自去浇水。

周末的户外运动

家里没有花园不应成为你放弃从室内向室外拓展植物空间的理由。当然，或许你连一块儿草地，甚至一点儿有土壤的地方也没有，但那妨碍你在室内创造出一片植物天堂了吗？说到在室外养花，其实完全靠你发挥自己的创造性。无论是被遗忘的前门还是走廊，都是潜在的植物空间。如今，人们大多共享着室外空间，这便提供了一种共同打造社区花园的可能性。你的公寓外是否有一片废弃的土地？行动起来吧！空间如此宝贵，我们要把触手可及的地方都种上花花草草。

荒地

虽然那片荒地上满是烟头，但它有可能成为一片奇幻森林。要为林地植物营造一种微型气候，这片空地附近最好有大型建筑物，这样可以为植物遮蔽阳光。你可以考虑在这里种植银莲花、洋地黄、软羽衣草或蕨类植物。但在我们开始行动前，要先弄清楚一件事，谁来养护这些植物？只有你一个人时要尽量将事情简化。其次，你需要让自己的付出产生最大的回报，那么我们得选择那些一年四季都让人感兴趣的植物。比如海棠树，它在春天开出漂亮的花朵，秋天结出果实，冬天你还可以做果酱……你会因此成为一个大赢家！我最喜欢的海棠品种是"高峰"海棠，因为它个头矮小，比较容易养护。如果你觉得种海棠树听起来很不错，还可以试试百子莲搭配匍匐型迷迭香，它们的样子更加妩媚动人。百子莲会使你的小花园看起来更丰富，并且整个夏天它都盛开着高挑的紫色花朵。而匍匐型迷迭香看起来则非常迷人，如果是种在花盆里，迷迭香会沿着花盆的边缘垂坠下来，从而和百子莲形成一种相得益彰的美感。

阳台

如果想要将一片空间打造成一个独属于自己的被花草围绕的僻静之处，你有很多选择。但你得首先问问自己那里属于哪种微型气候。那儿的光照如何？风大不大？这些问题的答案将缩小你能选择的植物范围。研究一下一天中阳光是如何在这片空间中移动的，再据此安排喜光植物和喜阴植物的摆放位置。

我建议用一株大型常绿灌木（或根据面积大小能种多少就种多少）做你的花园装饰植物，再搭配种植一些其他高矮不一的各种植物，从而在层次、结构、色彩和芳香上都达到一种别具一格的美感。要确保常绿多年生植物和一年生植物混合种植，这样整个夏天你的花园都会色彩绚烂。另外，已发育成熟的植物也值得一种，因为它们很快就会开花结果，但一定要在其周围搭配一些植物幼苗——没有什么比培育幼苗，看着它们慢慢长大更令人欣慰的了。藤蔓植物和攀附植物也很适合种在小花园里，因为这些植物生长迅速，短时间内就会产生明显的效果（芬芳迷人的茉莉是个不错的选择，蜜蜂很喜欢它）。

接下来，我们要讨论阳台外面的盆栽植物。选择很多，可以多摆放一些草本植物。如果你家的阳台位置很高，可选择迎风起舞的海岸植物。另外，可以安装一些吊篮架，在阳台顶部用绳子从不同高度吊几盆花。关于花盆的选择，我更喜欢地中海风格，比如色彩明艳的红陶瓮、图案别致的瓦盆、复古的容器……注意每天都观察一下这些植物，因为盆栽植物很容易缺水，此外每个月要施一次有机肥。

被遗忘的前门

如果你家的前门开向室外，那么这里又有摆放植物的可能了！（不要担心你家没有门廊，在这儿依然有很多盆栽植物可供选择。）如果你的房东为了省钱没有粉刷前门外面的墙壁，那么你何不用一株引人注目的橄榄树来代替呢？它会立马创造出一种特别的风格。如果你希望更好看点儿，可以在前门两侧各摆放一棵橄榄树。不要选择小花盆，它们只会挡路。你还可以在橄榄树下种一些季节性的植物，从而增加色彩，比如春天开花的鳞茎植物、夏天的薰衣草和冬天的仙客来。圣诞节时，在橄榄树上挂一些圣诞彩灯，看起来颇有节日的氛围。这些植物都喜欢晒太阳，夏天需要喝大量的水，每个月需要施一次肥，冬天要少浇水，但不要让土壤干透。住在城市中的人面临的一个大问题是那些偷盗植物的人。可以试试在花盆排水孔上安装固定在墙壁上的锁链，从而确保安全。

走廊

走廊里通常比较幽暗，虽然摆放着垃圾箱，但这里仍有生长植物的可能。不要种植浓密多叶的灌木，它们会向外生长，妨碍人们走路。可尝试种植能沿着墙壁生长的攀缘植物，比如波旁月季，它不仅芬芳四溢，还没有刺，你会因此而喜欢出门倒垃圾的。

墙脚很适合喜阴植物生长，比如蕨类植物和仙客来，它们将为幽暗的墙面增加一抹色彩。如果走廊很窄，可选择矩形花盆，它们通常占地较小。如果走廊很长，可沿着走廊边缘将三分之二的长度摆上花，形成一种错落有致的空间感。

墙

每面墙都有自己的微气候，比如朝南的墙面光照充足，适合来自地中海的喜光植物，而常年幽暗的墙面则适合喜阴的雨林底层植物。还有很多墙壁经常受刮风下雨等恶劣天气的影响，这时就要选择那些习惯了极端天气的本土植物。朝南的墙壁下可种植的地中海植物有薰衣草和各种草本植物，它们喜欢那里温暖的气候，但要记得多浇水。朝东的墙面易受霜冻和气温急剧下降的影响，因此要选择适应力强的植物，比如连翘。朝北的墙面是喜阴植物的最好去处。像蕨类植物和洋地黄等林地植物会在隐蔽的地方生长得很好，迎春花也会在这里开出漂亮的花朵。朝西的墙面通常不会受寒冷的北风影响，光照充足，很多植物都适合生长在这里。你可以栽种一些蔷薇和素馨，那里将会芬芳馥郁。关于花盆的选择也很多。对于攀缘植物，最好用金属丝或木制的花架，这样方便其伸展叶片。如果墙不是很高，可以从墙上挂一个花盆，将植物吊在空中。发挥你的创造力，最好把各种办法都尝试一下，只要确保所有植物都方便养护即可。

异域园丁—— 保罗·斯普拉克林

　　我正边喝红酒边看着《园丁世界》，这时保罗出现在了电视屏幕上，我放下酒杯，对自己说道："我一定要亲自见一下这个人。"保罗既是我的埃塞克斯[1]老乡，又热爱植物，我俩简直是灵魂伴侣！保罗是一个真正的英国人——当所有人都说你不行时，你会怎么做？你一定要做，不是吗？因此当周围每个人都说他的花园无法种植热带植物时，保罗创造了一片丛林！并且是一大片！

　　我们见面时，保罗友好地邀请我参观了他的花园。我坐在餐桌边看到一只猴子爬上了其中一棵棕榈树，后来才知道那是一只松鼠。我开始迷上热带植物了。棕榈树巨大的叶片为我们遮住了烈日，在墙壁旁保罗自制了一大片斜坡，上面摆放着各种肉质植物。保罗重新创造出了适合不同植物的各种微气候：仙人掌喜欢的通风而明亮的空间，蕨类植物喜欢的荫蔽潮湿的环境，棕榈树巨大的叶片形成

1　埃塞克斯是英格兰东海岸一郡，位于伦敦东北部。——译者注

的雨林冠层，以及为肉食植物创造的沼泽地。他喜欢分"社区"养殖花草树木，把来自世界各地有相似需求的植物放在一起，这样它们便都能得到良好的养护。保罗在肉质植物上放了一把伞，这样它们便不会受潮，我很赞赏这样的做法。让我吃惊的是他那棵足足有6米高的仙人掌，那几乎和他的房子一样高了！我问保罗是否有养盆栽植物，他说道，只养了一株"不难伺候的"虎皮兰。比起室外的那个大花园，虎皮兰几乎被忽略掉了。我们很赞同你将一件事作为自己的目标，并且要做就做到很好！

问：我喜欢你网站上的介绍语："本网站将带你进入一个极具异域情调的自然世界，易紧张或易兴奋体质者，请慎入。"热带植物为什么会令你如此痴迷呢？

答：对我而言，热带植物容易营造出一种奇幻森林的感觉。满园的热带植物常常让我想起那片更热更具异域风情的土地，每每想到这里，我都会很满足。

问：你去过这些植物的原产地吗？

答：我在墨西哥做过很多次野外考察，体验过那里各种不同的气候和栖息地环境，比如干旱的平原、温带疏林、亚热带云雾林和湿润的热带雨林，等等。此外，即便是其当地的度假胜地也有许多让人叹为观止的自然景观。我几乎都没时间去沙滩玩！

问：我听说你的花园里有些植物最初是在花盆中养活的，这是真的吗？

答：是的。这是我培育整个花园的开端。二十世纪八十年代，我第一次拥有了一小块属于自己的室外空间。当时我并不懂室内外养花的差别，于是就将一株有些枯萎的盆栽植物——叶片发黄的八角金盘——种在了室外，没想到它竟然重新焕发了生机。这件事让我开始思考其他盆栽植物是否也可在室外生长。后来，这个花园就成了我全部的激情所在。有些人甚至说我是走火入魔了。

问：你的（异域）花园是如何生长得如此茂密的？

答：慢慢长的，我很少去管它们。我习惯于以一种"严格"的方式养护植物——很少多浇一滴水或多施一点儿肥，我觉得只有这样它们在遇到极端天气时才会活下来。叶片较软，过于依赖氮肥的植物最易受到虫害或低温影响。可能这只是我为自己的懒惰所找的理由吧。

问：您是栽培异域植物的先行者，"雅·刺"向您致敬！作为我们的榜样，您对在室内栽培异域盆栽植物有什么建议？

答：关掉暖气，浇水次数不要太多。此外，请在宽阔的窗台上多多投资。

问：栽培多肉植物的秘诀是什么？

答：善意地忽视它。

问：最后一个问题，我听说你不得不扔掉自己最爱的一盆芦荟，你们之间有过什么样的故事呢？

答：啊，是的，可怜的芦荟。她曾是我童年的小甜心，当我还是个小男孩时她就吸引了我，从那以后一直待在我身边，陪伴了我生命中的许多起伏。很多次在我生病时都是被她治愈的。然而，我慢慢习惯了她的存在，便开始忽略她，我把她默默的付出当作理所当然，开始关注其他年轻貌美的植物。后来，因为在室外待了一个冬天，她最终离我而去了。我非常懊悔，发誓再也不会忽略任何一个老朋友。

植物与季节

　　我们都知道季节变化会影响室外的植物生长，那么室内的植物呢？虽然所有植物都是经过不断适应环境而存活下来的，但它们在地球上已经存在了数百万年了。而暖气呢？大约只有60年。因此，这样看来，植物仍然会随着季节的变化而变化，即便是在我们家中。

　　说到季节变化对植物的影响，我想先谈谈植物与人之间的相似性：春天，万象更新；夏天，我们都享受日光浴；秋天，一切都稳定了下来；冬天，万物都开始休息和放松了。如果仔细观察植物幼苗，你会慢慢注意到这些变化。最重要的变化发生在冬天，此时，盆栽植物将进入一种我们所谓的休眠状态，一年的忙碌过后，它们开始休息了。与此同时，你也要将浇水、施肥及日常养护的频率降到最低。稍微休息一下对所有人都很好，这样春天到来时它们才有复苏的力量。拿出你的日历来，这里有一份你想知道的简要季节指南。

春季大扫除!

"春天来了!我好兴奋,我给植物都浇了充足的水。"[1]我们都已度过了一个美好的圣诞假期,是时候开工干活了!春天是帮助植物大扫除的好时候,比如修剪多余的枝条,擦拭叶片上的尘土,等等。春天也是为植物换盆的大好时机,因为这时植物的生命力最为旺盛。换盆可刺激植物长出新的枝芽,并且它们会因此获得更大的生长空间。然而,这并不代表所有的植物都需要你进行修剪或换盆,选择那些需要改头换面或枝叶生长得过于茂密的植物就好(关于换盆请参考第232页)。春天气温上升,光照时间变长,这意味着植物也需要更多水分。浇水和施肥的量要慢慢增加,你可以用手指去测试(参考第264页)。在温暖的日子里,要打开窗户,让植物呼吸一些新鲜湿润的空气。

夏天,夏天,悄悄来临!

对大多数植物而言,夏天都意味着更加温暖,更加湿润,也更加快乐,当然它们所能获得的阳光也更多了。此时,让喜光植物多晒晒太阳,但要留意摆放在朝南窗台前的植物——夏天光照很强,很容易透过玻璃灼伤植物。此外,夏天要适当地让植物去室外"度假",让其呼吸一些新鲜空气,沐浴夏日的阳光和雨露。但请注意,不是所有的盆栽植物都适合待在室外,要记得追根溯源,依据其原生态环境挑选植物。另外,喜光植物此时也需要大量饮水,而且时不时会有一两只害虫爬上来,需注意预防虫害。

啊,已经是秋天了啊!

我爱秋天。沐浴完夏日的最后一缕阳光后,我的盆栽植物都回到了室内,开始准备迎接寒冷的冬日。请在第一次霜降前将那些爱好度假的盆栽植物搬回室内,

---

1 原文为"Spring is here! I'm so excited, I wet my plants .", "I wet my plants"与"I wet my pants(尿裤子)"同音,这种幽默的说法经常出现在英国的花园或公园的标语牌上。——译者注

同时要仔细检查盆土，确保没有虫子藏在其中！秋天需要防患的是暖气。恒温器开启后，室内空气对喜湿植物而言会变得又热又干。这时要注意观察它们，多喷一些水。此时，也要慢慢减少浇水和施肥的量，帮助盆栽植物过渡到冬天。

圣诞节来了哦！

随着白昼逐渐缩短，夜间气温降到更低，盆栽植物们也更希望待在室内，享受安逸的生活。冬天是植物停止生长，为春天蓄积能量的关键时期。给它们自由，它们就会很快乐。此时有些植物吸收水分会变得小心翼翼，尽量将浇水频率降低到一个月一次。如果你是那种喜欢将空调温度调到很高的人，请给植物稍微多浇一点儿水，但要注意观察土壤情况——冬天土壤很难干透，植物根部容易受潮。请确保每次浇水前土壤都干透了。将喜光植物，如多肉，搬到光照充足的房间，不要让热带植物的叶片触碰到结霜的窗户。请勿给植物修剪枝条，因为这样做意味着鼓励它们生长新枝，但植物是不愿意在冬天付出这份努力的。

帮助那些痛苦的植物应对室内"忽冷忽热"的指南

如何解决室内集中供暖的问题

室内供暖系统有效地帮助人们抵御了寒冷，同时也使得盆栽植物得以顺利度过寒冬。然而，暖气却使室内空气变得温暖而干燥，这对那些喜湿的热带盆栽植物是极为不利的。切记大多数盆栽植物都不喜欢待在暖气片附近，但你可以尝试将肉质植物放在那儿，因为肉质植物习惯了沙漠中炎热的白昼和寒冷的黑夜。

另外，也要注意季节变化对植物的影响。圣诞季植物对水分和食物的需求会大大减少，这和我们人类完全相反。但当暖气很强劲时，植物也会口渴，这时你就得给它们浇点水了。请参见第264页。

如何解决冷气问题

我们得承认，在大西洋东侧的我们并不怎么需要空调。但如果你确实开了空调，一定要知道它对植物的影响。空调会将植物所需的温暖湿润的空气带走，特别是对雨林植物而言，它们极其渴望温暖湿润的环境。这时，你一定得多浇水，多给植物叶片喷水。

如果植物叶片颜色变淡或枯萎，那一定是因为它离空调排风口太近了。迎面袭来的冷空气会将其叶片中的水分带走。此时你得用那些可以对温度和湿度变化适应力更强的植物代替，比如丝兰，它从不惧怕空调。一般而言，叶片较大的植物也可以忍受一点点空调带来的干燥，比如棕榈或

　　虎皮兰。另外，玻璃生态缸也是保护植物的好办法。如果所有办法都失败了，那么把空调关了，耐心点儿熬过这段时间吧！

　　保持绿色！

痛苦的植物

XOXO

牛油果行吗？牛油果不行吗？

没有什么比栽种植物更让人有成就感了，哪怕只是为了吃到果实。比起养盆栽植物，自己栽培一棵植物需要花费更多的时间和精力。如果你打算去度假，那么你得提前找好可以继续帮你养护植物的人。但这些植物长势良好时并不难照顾。用吃剩的果实种子就能种出很多植物。自己栽培植物是一种简单又省钱的方式，并且可以让植物长得很好。

首先，我们来谈谈牛油果的种植。是的，牛油果搭配任何东西都好吃。许多人喜欢在照片墙上分享牛油果的照片，但你是否听过因其需求过多而导致的森林滥伐。虽然我并没劝你别再吃牛油果，但现在可能是你做善事的好机会，你可以自己栽种一棵牛油果树。从果实长成大树可能需要十年，但至少要先有个开端！

你需要准备

· 牛油果

· 三根鸡尾酒搅拌棒

· 玻璃罐

· 水

· 向阳的窗台

如何自己种植一棵牛油果树呢？

许多人说在英国无法种植出牛油果，但对这些人我们只想说"闭嘴吧"！为什么我厨房窗台上那三棵牛油果树都能茁壮成长呢！追根溯源的话，牛油果原产于阳光灿烂的美洲部分地区。因此，请将牛油果放在向阳的窗台上，让它们尽可能多地晒太阳。自己种牛油果很简单，而且还能借此向朋友炫耀。如我所说，可能需要十年才能结出果实，但何必那么着急呢？现在，先吃点墨西哥玉米片[1]吧。

分步指南

1.吃一顿美味的早餐（牛油果面包片加荷包蛋，如果你要问我的话）。

2.保留牛油果种子。

3.观察种子的哪边是头（芽），哪边是尾（根）。一般而言，根部会比较平。

4.将鸡尾酒搅拌棒刺入种子四周，为其创造腿和胳膊。

5.用玻璃罐盛一杯水，让种子漂浮于上，令其根部半浸泡于水中。

6.将玻璃罐放在明亮的窗台上。

7.一周换一次水，保持水体干净。

8.等待。

---

1 墨西哥玉米片（nachos）是一种在西方很受欢迎的美食，它是由墨西哥牛油果酱、干酪、香辛料等调制而成的。墨西哥牛油果酱里含有碾碎的牛油果。——译者注

9. 再等等。

10. "砰"的一声！种子裂开了。牛油果的根部将在水中生长，头部将长出一根向阳而生的茎干。

11. 当茎干长到15厘米左右时，将植物栽入土壤中。

12. 细心养护，十年后你定会吃到自己种的牛油果！

如何让牛油果树保持生机

牛油果喜欢湿润的土壤，但害怕被水浸泡，因此要确保土壤排水性良好。如果其他办法都失效了，请试试手指测试（见第264页）。若其叶片开始发黄或枯萎，那一定是浇水过多了。夏天每个月施一次肥，但要注意观察土壤表层是否有白斑——这通常意味着肥料中的盐分正在堆积。如果发现白斑，一定要彻底冲洗花盆，让水分流干，重复多次。每年春天要把牛油果换到更大的花盆里，让其获得足够的生长空间。栽种前几年要注意帮它"理发"，从而让其长成一棵茂密的大树。但请注意，通常要等植物长到30厘米左右时再进行第一次修剪：将其修剪至15厘米高，从而刺激新的枝条和叶片生长。

你喜欢喝菠萝汁朗姆酒[1]吗?

如何自己种一棵菠萝树?

许多人喜欢在Pinterest[2]上晒菠萝,菠萝因此便拥有了许多属于自己的"特别时刻"。我打赌你家里一定也挂着几颗菠萝。停!在你找到那颗已经不再受欢迎的菠萝前,我想说重新种植菠萝其实也很简单。你只需一个玻璃杯、一些水和万能的鸡尾酒搅拌棒。这下你又有理由举办派对了。这次喝菠萝汁朗姆酒,有人会来吗?

步骤1 吃

挑选一颗看起来很新鲜的菠萝,削掉叶片,保持茎部完整,吃掉果实。一点点小心地削向菠萝顶部的位置,直到你看到一圈近棕色的小圆点——这些就是菠

---

1 菠萝汁朗姆酒是由朗姆酒和菠萝汁、椰汁调制而成的。——译者注
2 Pinterest 是一款图片分享社交软件。——译者注

萝的根！不要担心削掉果实，果实只会导致发霉，所以切掉就好。

步骤2 干燥

小心地撕掉底部叶片并切掉多余的果实，露出6—8厘米的菠萝茎干，从而帮助根部长出新芽。放置一周左右令根部完全变干——这一点很重要，因为菠萝很容易发霉。当你的切痕变硬时就说明它已经干了。

步骤3 浸泡

找一个瓶口较小的玻璃瓶，装水进去。在菠萝顶花两侧各扎一根鸡尾酒搅拌棒，将菠萝悬空搁置在玻璃瓶口，令其根部浸入水中，保持上方叶片干燥。

步骤4 根

将玻璃杯放置在有阳光的窗台上，等待根部发芽。几周后你会发现，菠萝顶花底部长出了白色的根须。每隔几天换一次水，防止根部发霉。另外，注意保持温度恒定。

步骤5 花盆

当菠萝根须长至10—15厘米时，你就可以把它栽种在花盆里了！准备一个排水良好的花盆（菠萝喜欢仙人掌的土壤）。将其根部埋在土壤中，用力按压盆土。随着菠萝不断长大，你也需要定期为它更换更大的花盆，让其获得足够的生长空间。

步骤6 养护

如果你像照顾其他盆栽植物一样细心照顾菠萝树，它的长势也会很好。菠萝需要待在阳光灿烂、温暖湿润的环境中，并且尽量保持气温恒定。当然，一定不要让它受寒。一周最多浇一次水，时不时地喷一些水给它们。

步骤7 吃

坚持住！菠萝何时结出果实取决于你家的地理位置，且至少要等它长到60厘米高。耐心点儿，你应该为自己将这个小家伙带到世界上而感到骄傲。

我说番茄，你说西红柿

如何自己种番茄呢？

谁不喜欢番茄啊？奇怪的是，真的有很多人都不喜欢它。然而，番茄和玉米棒是我最喜欢的五种食物之二。并且，番茄还很容易种植，室内和室外皆宜。我的伙伴汤姆最喜欢种番茄。夏天我们家的碗里总是装满了不同大小和形状的番茄。我喜欢植物最真实的样子。我们的番茄颜色从橘黄色到黑色各不相同，形状上有非常圆的，也有椭圆的，有七歪八扭的，也有好看的。谁喜欢一排又一排一模一样的番茄啊？多无聊！而且在味道上，哪里的番茄都不如自己种的好吃。既有甜味，又有辛味，足够刺激你的味蕾。我最喜欢的一道菜是和奈杰·史莱特[1]学的：只需将撒上蒜末的番茄烤一下，再浇一层橄榄油，加鳀鱼和罗勒即可，非常美味。有些人还开创了新的菜谱：我的一个朋友在涂着马麦酱的面包片上又加了

1　奈杰·史莱特是英国著名的厨师与作家。——译者注

番茄来食用。

我喜欢看着我的番茄从种子开始成长，但你也可以从市面上买到许多植物幼苗。这些幼苗也不错，但你得留意带回家后它们是否仍然长势良好（参考第170页）。

如何从种子开始种植番茄

步骤1　不起眼的开端

如果你要在室内种植番茄，注意选择合适的品种。第一阶段是播种——二月的任何一天都可以。你将需要一个小一点的容器（空酸奶瓶是个不错的选择）和优质的盆土。打湿土壤，挖一些小孔，每个小孔都放入一把番茄种子。用土壤和水将这些孔填好。好了，等待发芽吧。

步骤2　寻找合适的地方

现在是时候追根溯源了。番茄原产于中南美洲地区，我们都知道中南美洲阳光灿烂——将番茄放在光照良好的窗台上。大概一周后番茄种子就会发芽。保持每天浇水从而帮其茁壮成长，记得旋转花盆，这样植株才会长得笔直又高大。

步骤3　新家

一旦种子开始发芽，它们就该搬家到大一点的花盆了。此时，15厘米宽的花盆就正合适。请小心翼翼地将种子移植入装好土的新花盆，给它们喝足水分。

步骤4　成长

养殖番茄最重要的是浇水，它们很讨厌干旱。此外，每隔几周要施一次肥。当番茄植株长到很高时，它们就需要支撑物了。在土壤中插入一根木棍，用麻绳将番茄茎干松一点系在木棍上。

步骤5　成长的烦恼

你的番茄可能会为长得很茂盛而得意扬扬。注意检查徒长枝——主茎干之间长出的新枝叶——用手指将其掐掉。如果是在室外，蜜蜂和昆虫会帮植物传粉。

而在室内，番茄开花时，请代替大自然母亲用你的手指轻拍植物茎部帮其传粉。

步骤6　我们开吃吧

你的番茄植株此时应当已经长得很茂盛了。如果你有幸拥有自己的温室或室外空间，请将它搬到那儿。如果没有，请确保番茄植株可以得到充足的光照和水分。开始结果时（八月左右），用手一拧就能轻松取下的便是成熟的番茄。

植物大厨——托莫什·帕里

　　作为半个意大利人，我将食物视为生命非常重要的一部分。幸运的是，我第一家花店所在地哈克尼就有一处非常棒的美食街，甚至当地还有一家米其林星级餐厅！我们隔壁还新开了一家葡萄牙熟食店。有蛋挞吗？当然，请。当地甚至还有一家农场专门为其自己经营的小饭馆种植各种原材料。我的朋友托莫什原先是我们附近那家名叫"科林普森拱门"的饭店主厨，后来他搬到了伦敦中部开始经营"基蒂·费希尔家"，"基蒂·费希尔家"现在归布拉德·皮特[1]所有！我喜欢托莫什的厨艺，特别是其利用各种蔬菜和花草的技艺。托莫什做的意大利土豆球炒黄油鼠尾草是必点菜。菜谱就要上来了！别客气。我和托莫什见面讨论了关于植物和饮食的许多问题。

1　布拉德·皮特是美国著名演员、制片人。——译者注

问：植物在你的烹饪中起到了什么作用？

答：我常常利用一些当季的植物提升菜肴品味。例如，我会尝试利用菜品中植物或蔬菜的花，因为通常花比植物或蔬菜本身更香，这样味道便会提升一个层次。

问：你以前就用花来烹饪吗？

答：把花用于烹饪是前几年开始流行的，我第一次见是在哈默史密斯的河畔咖啡店。这家咖啡店有自己的花园，在用餐前，我可以在花园里采摘新鲜的花和香草用作装饰菜。我最喜欢他家的鲈鱼生鱼片，上面撒着番茄和各种漂亮的花瓣以及新鲜的香草，可谓色香味俱全。此外，我也在丹麦的诺马餐厅工作过，那里的厨师都亲自去找花草，他们所用的每样食材都必须是当地自己种植的。比如，丹麦不产柑橘，他们就用酢浆草来代替其酸味。没有黑胡椒，他们就用旱金莲来代替其辣味。这些做法都很有启发性。

问：你能介绍一下"季节性产品"与你所用植物之间的关系吗？

答：我只用应时新鲜的花草。我的烹饪风格比较质朴，这主要依靠我对季候的判断，在植物成熟时再进行采摘和利用。用植物进行烹饪时应尽量"顺其自然"，而不是为了利用植物而用。野生大蒜是一年中我最常使用的植物之一：我喜欢用蒜叶烹饪或做装饰菜，用野蒜花做调味料。

问：你认为在职业烹饪领域是否有使用植物的趋势？

答：我觉得有，这主要是受北欧餐饮行业的影响，哥本哈根的诺马餐厅及其主厨雷哲皮引领了这一潮流。我认为诺马餐厅和北欧菜品推动了餐饮行业的这一次革命。尽管这一趋势背后的原因很多，但他们只选取当地的鲜花和香草及其他植物来做食材，这是最具启发性和突破性的。

问：你曾经用过的最特别的植物食材是什么？

答：同花母菊！这是一种常见野生草本植物。我在"科林普森拱门"餐厅工作时常在伦敦场地（London Fields）采同花母菊，然后用它制作糖浆。同花母菊是一种和草长在一起的黄色小花蕾（拉丁学名是Matricaria matricarioides，一般俗称凤梨草或同花母菊）。摘一朵下来，揉搓一下，它会散发出一股强烈的和凤梨一样的香味。在诺马餐厅时，我们常常一次性采撷好几千克同花母菊，然后用它来制作糖浆。客人们都无法相信那凤梨般香甜的味道来自这种不起眼的野草。

问：你自己在家种植可食用的植物吗？如果有，那你都种些什么？能否给大家一些建议？

答：我住的是单身公寓，并且我的工作时间还很长，养起植物来比较困难，我觉得自己没法让它们活下来。我确实种了一些植物，但都是结实的草本植物，比如百里香和迷迭香，它们可以自己照顾自己。我通常从邻居家过于茂盛的月桂树上偷几片月桂叶。

问：你能给我们一些用草本植物烹饪食物的建议吗？

答：为了充分利用草本植物，在做菜开始和结束时要放相同量的草本植物。草本植物在烹饪过程中会提升菜品味道，但却失去了自己原有的香味，所以在烹饪结束菜品温度降低后，要放入相同量的草本植物，这样整道菜才会充满自然的清香。

问：你可以和我们分享一下你的名菜"意大利土豆球炒黄油鼠尾草"菜谱吗？

答： 意大利炸团子、鼠尾草、褐色黄油、胡椒和 Berwick Edge[1] 奶酪。

· 1千克清洗干净的赤褐色土豆（或任何高淀粉土豆）

· 150克普通面粉

· 2茶匙盐

· 1颗鸡蛋，轻轻打散

· 菜籽油

· 4汤匙室温无盐黄油，切成小块

· 20片鼠尾草叶

· 1茶匙柠檬汁

· 现磨胡椒粉

· 60克 Berwick Edge奶酪，轻轻压碎

将土豆放入烤箱，温度调到160℃，烤至土豆变软（大约需要45分钟）。如果刀尖很容易刺破土豆，那么你就可以进行下一步了。将土豆从烤箱中取出，待其冷却（冷却后搅拌时也会更有黏性），去皮，用薯泥加工器将土豆压成泥后放入一个大碗中。将面粉和盐撒在土豆上，用手在碗中间压出一个井。将打碎的鸡蛋倒入井中，用木勺搅拌。将面团取出放在一个撒有面粉的案板上，轻揉面团2分钟，如果需要就再撒点面粉，揉至面团表面光滑但没有过多的弹力（注意不要揉过了）即可。将面团分成八份，再分别揉为直径约1.5厘米长约60厘米的面卷。将面卷切成小团子，每段长1.5厘米。用平底锅烧盐水至沸腾，将所有的土豆团子都放入锅中，焯至团子浮起（约需2分钟）后，用漏勺将团子捞出，蘸油摇匀，均匀摊放在托盘上，然后放入冰箱冷却。

---

1 Berwick Edge 是一种类似荷兰豪达干酪的英国奶酪，味道较重，很像帕尔玛干酪。

在平底锅中放入黄油和鼠尾草，慢慢调高温度。鼠尾草会逐渐变脆，黄油颜色开始变暗。黄油变成淡棕色时，关火，加入柠檬汁。放在一侧待其冷却。

土豆团子完全冷却后，用中火将平底煎锅加热，放入团子翻炒一分钟至其变成金黄色。现在，将黄油和鼠尾草倒入锅中，撒入胡椒粉，搅拌。最后，配上Berwick Edge奶酪一起吃。

问：布拉德·皮特真人怎么样？

答：布拉德·皮特比较冷酷。哈哈，我的意思是我并未经常见到他。但布拉德·皮特和布莱德利·库珀来餐厅时，布拉德一个人就吃掉了一整块加利西亚牛里脊肉（原本是两人份的），因此我觉得他应该很喜欢那种肉吧。布拉德还点了一瓶上好的红酒，但他只喝了一杯，剩下的都给了厨房，因为他太喜欢这里的菜了。

如何在七步之内栽培出一个时髦的室内香草花园

打开烹饪书，发现菜谱上所需的香草在自己的厨房范围内都能找得到，没有什么比这件事更让人开心了。栽培一个室内香草花园既简单又令人满足，并且任何季节都可以栽种香草。此外，它们又美味又省钱！将从超市买来的香草分类。它们买回来时可能挤在了一个窄小的瓶中，给它们自由吧！下面是建立一个香草花园的七个步骤。

步骤1：放在有光的地方
阳光灿烂的厨房窗台是栽培室内香草花园的不错选择。请确保那里一天光照时间至少有5小时，光照不足会使植物失去香味。如果你没有窗台，请在房间内找一处光照充足的地方。记得，空间不足时，你可以使用吊篮。

步骤2：这里热吗
草本植物对室内温度的需求和大多数人一样，因此如果你觉得舒服，那它们也应该感觉差不多。夜间气温下降并不会影响草本植物的生长，只需注意，别让其枝叶碰到窗玻璃，以防冻伤。

步骤3：选择合适的香草
请依据自己的口味挑选香草。我从意大利祖父母那里得到启发，罗勒、鼠尾草和欧芹是我必选的草本植物。细香葱[1]会使食物的味道变得更好。你是否曾经揉搓一株茂密的百里香，只为使房间在5分钟后变香？幸福！草本植物分为软草本植物和硬草本植物两类。软草本植物如罗勒、细香葱和薄荷等，它们生性娇贵，需要多花一点精力来养护。硬草本植物如百里香、迷迭香和鼠尾草等，它们对水分和光照变化的适应力稍强一些。

步骤4：挑选花盆

打开橱柜，观察一下你的碗碟。如果你是那种对秩序感要求很高的人，你可能会喜欢时髦又统一的花盆。但如果你的碗碟样式各不相同，那么你或许可以尝试将不同类型的花盆搭配使用，从而创造出一种多样性。你可以在eBay网站、慈善义卖店或旧货市场上找——确保花盆透水性良好即可。每个花盆下面还需一个托盘来接水，防止窗台或地面被水打湿。我再重复一遍，请选择与你自己的喜好匹配的物件。

1　细香葱（chive），长细叶，开紫色花，味似洋葱。——译者注

步骤5：将草本植物栽种在花盆中

请先确保花盆底部透水良好（你或许有一个残缺的碟子，可以将之打碎，借助碎片在花盆底部戳几个洞），接下来将盆栽土放入花盆，浇足水。小心地将草本植物移植过来，用手指轻轻地松一下植物根部。植物栽种在新的盆土中后，从四周检查确保它在花盆的中心位置，且可以笔直地挺立。在其周围再加一些土，用手指将土壤按压结实。现在，好好给它浇一次水，帮助植物适应新家。

步骤6：该浇水了

土壤表层摸起来如果是干的，你就该去浇水了。浇水时，注意观察花盆底部托盘，当托盘中盛满水时请停止浇水。注意不要浇水过多——草本植物不喜欢待在湿答答的土壤中。为让其味道更浓郁，请每个月施一次肥吧。

步骤7：晚餐供应

当草本植物长到15厘米高时，请剪掉一部分拿去做饭！不要害怕：你用得越多，它们长得越好。但一次最多剪三分之一，否则将影响其生长。对于比较高的草本植物（如细香葱），可从顶部剪去5—8厘米。对于枝叶茂密的草本植物（如欧芹），可从植物外围剪去整条茎干，它们还会继续长出新的枝条。

痛苦的植物

XOXO

玉缀（BURRO'S TAIL[1]）

养护评语：易养护

名字考：看着它那下垂的叶片和尾巴，这让我想到了它的原产国——阳光灿烂的墨西哥。仿佛一头驴正走在沙漠中，这头驴的名字叫"Burro"！

植物小传

这个家伙拥有很好的质地：编织辫状的叶片，非常受人喜欢，是可以挂在阳台上炫耀一番的盆栽植物。但是请记住，它会变得很重，因此请确保花盆足够结实来支撑它。它会掉叶子，但是别担心，这些都是必然的。

追根溯源

玉缀来自阳光温暖的墨西哥，是一种悬挂下垂的肉质植物。因此，我们已知关于沙漠植物的养护方法全部适用于玉缀。最重要的一点：浇水要小心。玉缀讨厌潮湿。其次，玉缀需要阳光，但也很容易被日灼，因此夏天要注意防止它在朝南窗台被阳光灼伤。每个月施一次肥。如果出现了害虫，只需给它洗个冷水澡即可。

---

1 "Burro"本意为"小驴"，"Burro's tail"即驴尾巴，是玉缀的英文俗名。——译者注

我的玉缀怎么了？

聪明的肉质植物会将水分储存在叶片中。如果它缺水了，叶片将会皱缩，此时要给它浇点水。但下次浇水前一定要等其土壤干透。当植物开始枯萎时，很可能是因为光照不足。

建立 你的植物 之家

2

盆栽植物购买指南

大家都知道，我热爱植物。无论大小，不管美丑，只要是植物，我都喜欢。我觉得植物常常让人感到平静和放松，并带给人成就感。每当看到我的顾客也如此喜爱植物时，我觉得更加开心了。我看着自己的植物逐渐长大，在它们生病时悉心照顾，在照片墙上炫耀它们的美。因而每当有人走进我的花店，我都想为他们找到合适的植物，建立属于他们自己的植物家园。

我希望你已从这本书有所收获，不要将植物随意放在任何地方（见第103页）。我总问顾客他们家有什么样的空间，光照是否充足，是否有一个温暖湿润的浴室或阳光灿烂的朝南窗台；知道了这些，就能帮其寻找合适的植物了（见第110页）。我问他们的第二个问题是：你们能够花在植物身上的时间有多少？撒谎没有意义。即使你一点儿时间也没有，也有合适你的植物。一些盆栽植物几乎是坚不可摧的，而另一些则比较黏人。总之，适合你的就是最好的。现在你知道可以为植物幼苗提供什么样的环境，也知道该选择哪些植物了吗？接下来就比较好玩了。

花商是做什么的?

　　我一直推荐人们去花店买花。嘿！我看到你的眼睛在转，"哦？是吗？"但我是真诚的！只有花商们愿意陪你选花，教你养花，确保你买到合适的花。我喜欢和客人们聊植物，将不同的植物搭配摆放，这样他们便知道这些植物放在自己家会是什么样的。你会很放心，在花店买到的植物幼苗将会茁壮成长并且免于病虫害。与此同时，你还能买到最合适的花盆和土壤，并挑选上好的肥料。比起在超市或网上购买植物，在花店你将享受到私人服务，向专业人士咨询你想知道的任何问题，"全副武装"地建立一个健康快乐的植物之家。

意想不到的植物客人

毫无疑问，我们的植物都是从"雅·刺"购买的。但当你发现超市里只卖多肉植物，或当你外婆送给你几株吊兰幼苗时，将错误的植物带回家不仅是一种浪费，还可能导致其他植物幼苗感染病毒。你该怎么办呢？首先，想想植物的根在哪（它原产于哪里），以及你能否为其创造出与原产地相似的气候环境……你已经为它找好最佳的摆放位置了吗？好，下面列出了一些从其他渠道购买植物时的注意事项：

超市

超市里可怜的植物，先是被挤压在塑料包装纸中，储藏在黑暗的库房里，水分严重不足，再被搬到紧挨着推拉门、充满暖气的仓库。如果有人讨厌超市的话，那一定是因为植物。从超市里买回来的植物通常是一次性的，而从花店里买回来的植物（应该）是一辈子的。如果你读到这里仍想去超市买花，那你可能需要付出一些努力了，这些植物可能正处于严重的"休克"状态。如果你没时间，那我也不赘述了。

宜家

许多人从宜家购买植物，回来后植物都长得很好。据我所知，宜家所卖的植物都是比较容易养护的类型，因此养活它们的成功率较高。但我想提醒你：宜家通常不会给出植物的名字。这对你了解植物幼苗很关键，没有名字你将不知道如何养护它们。

花市

花市是个好地方，在那儿经常能以低价买到好花。但要注意，许多花市所卖的都是积压的旧花。不要买那些已经开了许多花的植物，它们可能看起来很漂亮，但也会很快就死掉。另外，要考虑好怎样把植物带回家。你不会把它们塞进一个旧塑料袋里吧？

外婆家

所以，你外婆正打算从她那株过于茂盛的吊兰上剪两株幼苗送给你吗？在你同意前（你知道的，你必须同意），想想家里是否有处明亮的地方。幸运的是，养护吊兰和外婆做苹果派一样容易。但如果不是吊兰，而是其他比较难养的植物，那你就得在亲口答应她前好好考虑了。注意观察植物长势，以及是否有生病迹象。

购物网站

网上买植物的最大问题是买之前无法检查植物。"雅·刺"也有自己的网店，但我们和其他你所信任的花商一样，一定会寄给你健康的植株。然而，如果没有打包好，植物在运输过程中可能也会产生问题。如果你不是从专业花店买花，很有可能植物运回家后会有些枯萎，进入"休克"的状态。专业花店会将植物安全送达，拆开包装后植物也可以很快地适应新环境。

如何挑选理想的植物伴侣

说到挑选植物，其实这完全取决于你的个人品位，但仍有几点需要你注意。

外形最重要吗？

笔直的、浓密的、垂坠的、攀爬的还是芜杂的？盆栽植物的形态各异，大小不一。但不要轻视那些看起来有点歪斜的植物。歪歪扭扭才最性感。那些小多肉现在可能看起来很可爱，但用不了多久它们就会长得圆胖而又难看。

植物的大小很重要吗？

人们总是很害怕植物会长得特别大。但你要知道，植物并非一夜之间就能长大的，有时候甚至好几年也不会有明显的变化！而且，大多数情况下，如果植物长得过于茂盛，你也可以修剪枝条让它变回你喜欢的样子。而我建议你顺其自然，只需确保给它提供合适的光照和流通的空气即可。如果空间不够用了，你可以随时把植物搬到其他地方，或让它沿着画框或窗户生长。总之，我认为植物长得越茂密越好。

你是个害怕承诺的人吗？

至少有五个人问过我："我的植物可以活多久？"植物可以陪伴你一生，而不只是一个圣诞节！大多数热带植物可能比其主人活的时间还长，所以请准备好让它们陪伴你一生吧。想象一下，2050年时，你和你的外孙们围着一群芜杂的仙人掌玩耍的场面吧！

如何保持对植物的热情？

如果你对植物和对其他事物一样只有三分钟热度，那么你需要知道的是，植物不全是绿色的。盆栽植物也可以让你的家丰富多彩。你是否注意到网纹草叶片上那霓虹般粉色的网脉？找一些叶片有彩色斑点或条纹的植物吧，或像仙人掌这样平时其貌不扬，但开花时却惊艳时光的植物。

入住检查

就像寻找合租室友一样，买入新的植物前也要对其进行全面的检查。虽然你无法像寻找潜在室友一样在照片墙上找到植物的信息，但你仍然可以通过观察确定该植物是否应该被带回家。

是

叶片健康

颜色鲜亮

茎干结实

花苞未开

否

叶片卷曲皱缩

色泽暗淡

发现昆虫或昆虫幼体

土壤和花盆之间有空隙

植物底部发霉

植物根系长出了花盆

一起回家吧！

每当看到人们小心翼翼地抚弄他们新买的盆栽植物时，我都感到很开心。但你要知道，在把植物带回家前，它很可能一直待在温室中，没有受到过任何风吹雨打，或者在花店被宠爱有加。一走出花店的门，植物便会表现出它的"胆怯"。为了让植物搬家更顺利，请小心地将它们包裹起来，从而保护叶片并使其周围气温保持恒定。

植物的名字

我经常搞不清人名，但我会强迫自己记住植物的名字！而这需要练习，比如把植物名贴在花盆上，或重复读20遍，或睡前翻看植物百科全书等。记住植物名不仅会让你在朋友面前看起来非常专业，还有助于更好地养护植物。植物出现任何异常时，你都能立即找到问题的根源。我希望你把植物放在自家爱犬的魔爪范围之外，否则，如果你的爱犬不小心吃了一棵植物，你得知道它吃下的是哪株植物，从而对症下药。关于本书所涉及的所有植物，我都给出了记忆其名字的简便方法。记住植物名是你和植物幼苗打好关系的第一步，在和植物一起生活的过程中，你将更好地了解它们。一边看着它们长大，一边读懂它们的需求。最大的收获是，植物也会回报你（见第193页）。

学会拒绝

甲之蜜糖，乙之砒霜

　　商店里总有一些植物被人们忽视，而这些植物却常常能带给我惊喜。没错，那棵大琴叶榕正向你摇晃着它那性感的大叶片，但千万不要因此而忽视墙角那株小小的竹节秋海棠。当某种植物正"流行"时，常常发生类似的情景。呵，我从来不随大流。我常常把那些被忽略的植物带回家养，看着它们开出让人惊喜的漂亮的花朵。请不要从众，挑选那些能令你感到快乐的植物吧。

竹节秋海棠

竹节秋海棠

拉丁学名：Begonia corallina

养护评语：冷酷

名字考：秋海棠有2000多种不同品种，但它们都有一个突出特征——叶片有花纹。你会情不自禁地爱上那株叶片有斑点的秋海棠的，记住斑点便记住了它的名字。

植物小传

我记得小时候在外婆家，秋海棠总躲在龟背竹的大叶片下，露出一点点踪影。如今我理解它了，因为秋海棠原长于雨林底层，在冠层枝叶遮挡下只能获得一丝阳光。科学家最近发现，秋海棠的一种野生近亲（拉丁学名Begonia pavonina）已进化出一种亮蓝色的叶片，从而使其在黑暗的环境中存活下来。更让人惊讶的是，这种亮蓝色叶片能减慢吸收光的速度从而获取更多的能量。难怪秋海棠的适应力如此强！秋海棠在意大利很受欢迎，但在我的花店中那株秋海棠待了六个月都没卖出去，因此我把它带回了家。多么不寻常而迷人的植物呀，它常常让我想起我的家人和小时候在意大利度过的寒暑假。

追根溯源

我们家中所养的大多数秋海棠都是长在雨林底层的秋海棠为适应环境所产生的变种。但它们的"根"是一样的，因此不要把秋海棠放在朝南的窗台，而要放在明亮但又不会被阳光直射到的地方。秋海棠喜欢温暖的环境，请让它们远离穿堂风经过的地方。秋海棠也讨厌潮湿，浇水时要注意，一周一次就足够了。尽管秋海棠很少感染虫害，但也请保持其叶片干燥从而防止产生其他问题。不过，它们也喜欢水汽，请一个月喷一次水雾，并施一次肥。当秋海棠看起来有些芜杂时，请帮它修剪枝条，令其保持整洁从而可以茁壮地生长。每年春天要将秋海棠换到更大的花盆里，花盆的透水性一定要良好。

花期

如果秋海棠长势良好，它可能会开出白色、橘黄色、粉色或红色的花朵。如果你特别想看它开花的样子，请注意适当施肥，并保证其获得充足的光照。

我的竹节秋海棠怎么了？

秋海棠叶片萎蔫时，一定是浇水过多或过少导致的。请你反思一下自己，做出相应的调整即可。如果秋海棠不见长，请检查光照水平及浇水是否适当。另外，花盆太小也会限制它的生长，换一个大一点的花盆试试。

网纹草

网纹草

拉丁学名：*Fittonia verschaffeltii*

养护评语：爱挑剔

名字考：这种植物一定会吸引你的眼球——你想，"它们那么性感迷人[1]"，赶紧把它们带回家吧。

---

1 网纹草的英文名为"fittonia"，其中"fit"有"性感迷人"之意。——译者注

植物小传

网纹草深绿色的叶片上有亮白色、粉色或红色的网脉（我对那种有粉色网脉的叶片深深着迷）。但它们并非只是为了炫耀，这些网脉可帮其在雨林底层储藏为数不多的阳光。既性感又聪明，对吧？我先发现的哦！然而，要想让它们保持美丽则需要付出努力——网纹草不喜欢干燥的空气、穿堂风和阳光直射。但如果你准备好应对挑战了，它值得你拥有。

追根溯源

网纹草原产于南美洲热带雨林，常见于秘鲁。作为一种地被植物[1]，网纹草最高约30厘米，这使其成为一种适合在生态缸中养殖的完美植物。网纹草喜欢待在非常湿润的环境中，因此你每天早上都需要给它喷水，或将花盆放在铺满湿润卵石的托盘上（见第217页）。网纹草生长在热带雨林底层，这意味着它们只需要间接的微弱的光照，否则很容易被灼伤。它们虽然喜欢湿润，但土壤不能太潮。

如何让你的网纹草保持生机

注意浇水。干旱会导致网纹草死亡，而如果受潮，其叶片将会变软发黄。网纹草柔软的茎干会吸引霉菌、蚋和水蜡虫，因此请注意预防虫害。网纹草的花都开在它的枝叶上，请把上面生出的小花掐掉，否则会影响其枝叶生长。

---

1 地被植物是指那些株丛密集、低矮，经简单管理即可用于代替草坪覆盖在地表、防止水土流失，能吸附尘土、净化空气、减弱噪声、消除污染并具有一定观赏和经济价值的植物。——译者注

血苋

拉丁学名：Iresine herbstii

养护评语：它长不出牛肉哦

名字考：血苋因其叶片颜色鲜红，在英文中又被称作红叶苋、"鸡胗"或"牛排"。好几种植物的英文俗名都叫"牛排"，因此人们很容易混淆。请勿将血苋和秋海棠混淆。

植物小传

每个人都想要绿色的植物，我的花店有一株红褐色的花，从来没人碰它。于是，我将它带回了家，在照片墙上发了一张它的照片，人们竟然疯狂点赞。血苋的亮点就在其色彩上。鲜亮的紫红色叶片上红色网脉清晰可见。想象一下血苋放在你家里的样子，偶尔让其他植物羡慕一下它的美也不错。血苋在夏天可能会开出小花，但你可以随时掐掉这些花，因为它们并没有枝叶那么漂亮。作为一种热带植物，血苋也适合摆放在浴室，或许也可以给它搭配一支牙刷！

追根溯源

血苋原产于巴西，喜欢温暖、湿润且光照充足的环境。它也很喜欢喝水，所以每次浇水一定要浇透，要保持土壤呈半湿润状态。最好将它栽种在排水良好的花盆中，这样有助于排出多余水分，避免根部受潮。在冬天血苋对水分的需求会减少，但请勿让土壤干透。光照越充足，血苋叶片的颜色越亮，因此可以将它摆在明亮的窗台，但要防止被阳光灼伤。血苋喜欢温暖，请让它远离穿堂风经过的地方。另外，要多喷水，它们会很喜欢待在浴室的，因为那里的湿度和温度都比较高。

我的血苋怎么了？

如果血苋长得细长而色泽暗淡，那说明光照不足。注意防患蚜虫，它们很喜欢吃植物柔软的新芽。

翡翠珠（STRING OF PEARLS）

拉丁学名：Senecio Rowleyanus

养护评语：不容易取悦

名字考：翡翠珠因其形似一串串的翡翠（或珍珠）而得名。

植物小传

翡翠珠是我们店里卖得最好的植物之一，但也是最需要我花精力去养护的植物。我的一个好朋友——她以前养死了许多植物——却拥有一株特别漂亮的翡翠珠。我常常找她"取经"，但她总说自己什么都没做。我只学到了翡翠珠喜欢阳光，不喜欢被人管太多。我会继续摸索它的个性的。翡翠珠适合挂在吊篮上或窗台上，一串串珍珠沿着花盆垂下来，异常引人注目。

追根溯源

翡翠珠属肉质植物，请勿浇水过多，否则它将变软发霉。请记得，这些沙漠植物可以在缺水的条件下存活很长时间，它们聪明的珠子可以自己储水。这意味着你这周浇透一次水后，接下来的一两周就不用浇水了。冬季更要减少浇水次数。和大多数肉质植物一样，翡翠珠喜欢明亮的阳光。为帮其保持整洁和美观，请定期帮它剪去死掉或空的茎干。

如何让你的翡翠珠保持生机

尽管翡翠珠不怕干旱，但它怕冷。如果翡翠珠叶片脱落，这说明温度过低！请确保其周围温度不低于7℃。

万事俱备 只欠东风

我不知道自己爱谁多一点，蒙蒂·唐[1]还是奈杰尔·斯莱特[2]？你呢？无论是谁，我喜欢会使用刀叉的男人。然而，和室外园艺不同的是，养护盆栽植物所需要的工具并不多，有时候，用一个餐勺或叉子就可以干活了。最好把所有的工具都放在一个方便取用的地方——我用的是一个带把的大柳条筐。

土壤

良好的盆土适用于大多数盆栽植物。但肉质植物则需要仙人掌专用土，因为它们害怕潮湿，需要排水性非常好的土壤。（见第63页）

排水

良好的排水系统是盆栽植物可望而不可即的梦想，特别是对那些盆底无孔的

1 蒙蒂·唐（Monty Don）是英国BBC《园艺世界》节目主持人。——译者注
2 奈杰尔·斯莱特（Nigel Slater）是英国美食作家、记者和广播员。——译者注

植物而言。没有排水孔你浇的水将无处可去，最后直接导致植物根部腐烂（见第217页）。

施肥

施肥是给植物幼苗提供养料的重要方式。请阅读第258页。

浇水

浇自来水、瓶装水还是雨水？一些盆栽植物确实对水比较挑剔。请查看第264页。

洒水壶

部分植物不喜欢湿答答的叶片，比如秋海棠。尽量选择喷嘴较小，壶嘴较长的洒水壶。

小铲子

小铲子在帮助换盆和换土时非常有用。你可以挑一个时髦的日本铲子。我喜欢庭木（*Niwaki*）的铲子，好看又耐用。但正如我所说，餐勺也可以当铲子用。

喷水壶

你可以买一个时髦点的喷水壶，也可以用便宜的或旧的。只要放在可随时取用的地方便可以。

湿抹布

湿抹布可以用来擦拭叶片。任何一块旧毛巾都可以。请确保这块抹布远离橱柜，防止沾染化学物质而伤害植物。

剪刀

剪刀可以用来帮植物修剪枝条。使用专业花剪会更加卫生，从而防止剪枝后植物被感染。

报纸

商业专栏？是的，没错。把没有看的那几张《星期日泰晤士报》存起来，给植物换盆时可以将报纸垫在下面，防止将桌子或地面弄脏。另外，你还可以用旧报纸包裹仙人掌，从而帮它换盆。

花盆

我喜欢收集花盆，收集来的花盆既可以用来养新的植株，又可以为旧花换新貌。我们在关于花盆的那一章（见第209页）会为大家介绍一些"雅·刺"风格的花盆。

笤帚和簸箕

显然是很有用的工具。

牛奶

一位聪明的老奶奶说用牛奶来清洗叶片很不错。她说得没错。

植物、宠物和婴儿如何和谐共处

作为三只小灵狗的主人，我可以自信地说我的宠物和植物们相处得很好。然而，任何养过宠物的人都知道，看兽医很贵，所以最好还是做好预防，选择没有毒性的盆栽植物。但如果你和我一样痴迷于植物，那么最终我们依赖的还是常识——不要将有毒的盆栽植物放在宠物喝水的地方附近！我们安装大门，聘请门卫，从而保护财产和宠物免受损害。同样的道理也适用于植物。我一直都建议人们将植物放在宠物够不着的地方。如果你在植物身上发现了咬痕，那么请立刻将植物搬到其他安全的地方。

如果你回家后发现植物枝叶已经被宠物吃得不堪入目，请立刻带你的宠物去看兽医。这也是你需要记住植物名的原因，这样你就不用费力端着植物去见兽医了。知道植物名字可以帮助兽医对症下药。

美国禁止虐待动物协会曾在网上列出了一份动物虐待问题清单。我在下面将本书所涉及的植物进行了有毒和无毒分类（所幸，我们所喜欢的许多植物都是无毒的）。如果你的那盆花不在这个清单里，请上网搜索一下。

如果家里有小孩，还是同样的原则——不要把植物放在地板上。每次小朋友走进我的花店，最先关注的一定是那盆多刺的仙人掌。而妈妈们的目光则总落在无花果树身上。我观察到每次小朋友离仙人掌越来越近，准备伸手触摸时，妈妈们立刻就会把她们的孩子抱起来。这或许就是直觉吧！

有毒的盆栽植物

芦荟

患者：猫和狗

症状：呕吐，腹泻，发抖，尿液颜色异常

怎么办：立即去看兽医

文竹

患者：猫和狗

症状：过度发痒，起皮疹，打喷嚏，流眼泪

怎么办：立即去看兽医

玉树

患者：猫和狗

症状：恶心，呕吐

怎么办：立即去看兽医

薄荷

患者：猫和狗

症状：恶心，呕吐，腹泻

怎么办：立即去看兽医

虎皮兰

患者：猫和狗

症状：恶心，呕吐，腹泻

怎么办：立即去看兽医

喜林芋属

患者：猫和狗

症状：舌头、嘴巴和嘴唇疼痛发炎，呼吸困难

怎么办：立即去看兽医

芳香天竺葵

患者：猫和狗，特别是猫

症状：腹泻

怎么办：立即去看兽医

龟背竹

患者：猫和狗

症状：舌头、嘴巴和嘴唇疼痛发炎，呼吸困难

怎么办：立即去看兽医

番茄树

患者：猫和狗

症状：多涎，肠胃不适

怎么办：立即去看兽医

无毒植物

吊兰

波士顿蕨

玉缀

牛油果树

罗勒

十二卷属

百里香

秋海棠

橡胶树

袖珍椰

痛苦的植物

XOXO

植物的益处

花草树木为我们的家园带来了生机，使生活在钢筋水泥中的人们与大自然有了连接。植物象征着爱与感恩，而不仅仅是一种物理上与自然的衔接——我们在照片墙上不断更新植物的照片，从植物幼苗到新叶再到开花，我们记录着它们的每一次成长；我们所到之处都是大自然的身影。在"雅·刺"，我们认为植物代表着力量。它可以降低环境污染，改善人们的心情，并改良房屋风格。一举三得，何乐而不为！

现在我们来谈谈科学，请注意听……

不管你信不信，过去人们一度认为盆栽植物有害于人类健康。这使得大量科学家通过研究证明植物对人类确有益处。其中最著名的是二十世纪八十年代美国国家航空航天局研究密闭环境中空气质量变化的实验。实验结果明确反映出植物叶片和根部可吸收密闭空间中的"有毒水汽"。易养护的波士顿蕨和橡胶树赢得了这场太空植物竞赛。最新研究表明植物可以吸收洗涤用品中的化学物质，甚至还能净化指甲油。下次你去做美甲时，观察一下美甲店是否养了盆栽植物，据研究，植物可使丙酮含量减少95%。植物甚至让你不再容易感冒，因为它可以增加空气湿度，减少空气中的灰尘。

善良聪明的你送礼就送盆栽植物吧

你知道吗？对植物的喜爱事实上会让你成为更好的人。真的！研究人员发现经常和植物待在一起的人其亲密关系质量也更高，因为植物会提高人的共情能力，让人更富同理心。最近的一项研究还发现花草有助于改善情绪（见下一页），并帮助人们增强记忆力！此外，该研究还表明那些愿意赠送花草作为礼物的人更加可爱、友善且情商更高。

迷信吗？不，我们不迷信。

拜访中国人的家时，你可以留意他们家里是否有一棵发财树（玉树），它象征着财富和好运。传说一个贫穷但勤劳的农民无意中发现了一株特别的小小植物，它的根很顽固，特别难拔，但农民最终成功把植物带回了家。这株植物适应力极强，不需要太多养护就能生长。于是农民从这棵植物身上学习到了一种精神——既顽固又坚韧。后来这位农民成了一位优秀的企业家。这个故事的寓意是什么呢？人类啊，请向植物学习！你有没有领略过罗勒的神秘感？这种美味的草本植物被视为一种神圣的植物，它可以保护一所房子及其居住者。神秘的说法认为好人的灵魂都散发着罗勒般的香味。

吃一颗"植物药片"

当你感觉身体不舒服，或为一次约会而紧张不安，或无法集中注意力工作时，去看看植物吧。事实证明，植物可帮你缓和上述症状。不是让你吃掉植物，无论你在做什么，放几盆植物在家里，让它们施展魔法吧。你只需要给它们一点点爱便会获得回报。

感到焦虑？

养吊兰吧。

为什么？在家里养花的人通常生活得更开心，压力更小，且更放松。吊兰是个不错的选择。它非常容易养护，只需很少的光照，对浇水多少不挑剔。因此，吊兰基本属于"养不死"的植物。别再担忧那么多了，随着吊兰越长越茂密，你的心情也会逐渐开朗起来。

注意力不集中？

养一盆袖珍椰吧。

为什么？科学研究表明盆栽植物可以帮助人们提高产出，增强记忆力。自然会使人平静下来，从而更加专注于手头的工作。忘记那些极简主义的规则吧，多一些绿色植物会令你更开心，更专注。养一盆袖珍椰，它会帮你调节空气湿度，吸收房间中的二氧化碳。

情绪低落？

养一盆黄毛茛吧。

为什么？黄色是激发热情，唤醒自信和乐观的最佳颜色。亮丽的黄色会将阳光带回你的家里。太阳花可能此时已过季了，但你不应忘记那明艳的黄色。带一株黄毛茛回家吧，它那鲜艳的花朵会让你忘记一切烦恼。

感觉困倦？

养一盆虎皮兰吧。

为什么？研究表明在卧室中摆放一些植物有助于提高睡眠质量。而虎皮兰是帮你改善睡眠的最佳选择，它是为数不多可以在夜间释放氧气，吸收二氧化碳的植物之一。放一盆虎皮兰在卧室，待你睡着时，它会自动帮你净化空气的。

身体不适？

养一棵橡胶树吧。

为什么？空气干燥、尘土较多会刺激咽喉、鼻子、肺部、眼睛和皮肤。植物周围的微气候会增加空气湿度，使房间里的尘土减少20%左右，从而减少流鼻涕、眼睛痛或喉咙发炎等不适感。橡胶树不仅可以净化空气，减少尘土，还可以杀死空气中50%—60%的细菌，而这一过程并不会伤害到人或宠物。

缺乏灵感？

养一株龟背竹吧。

为什么？无论是马蒂斯[1]，还是霍克尼[2]，许多我们所喜爱的艺术家都养过龟背竹。这并不奇怪，龟背竹容易让人联想到热带风情，想到那儿的老虎、狮子和熊。并且，研究表明，多欣赏植物可提高人类45%的创造力水平。

森林浴

你想出门去疗伤吗？为什么不试试日本人的"森林浴"呢？从字面意思上讲，"森林浴"就是让人待在森林里呼吸那里的空气，科学研究表明这种做法确实有益健康。日本政府曾耗资400万美元研究森林浴的作用，他们测量了人体进入森林前后免疫系统内的细胞活性。研究表明，从森林回来后的那一周人体细胞活性明显增强，并且这样的积极作用将持续一个月。为什么呢？这主要归功于森林中空气里所含的植物精油，这些精油是植物用来保护自己免受细菌和昆虫侵害而释放出来的。森林里的空气不仅让人感觉很清新，它还可以提高我们身体的免疫力。

1　亨利·马蒂斯（1869—1954），法国著名画家、雕塑家、版画家。——译者注
2　大卫·霍克尼（1937年生），当代美籍英国画家、摄影家。——译者注

植物也是有感觉的!

室友常常看到我在客厅和无花果树聊天,或在浴室摆弄蕨类植物。难道我已经疯了吗?不是的!

我很喜欢《植物的秘密生活》这部纪录片,不仅因为史提夫·汪达[1]参与了配音,还因为它尝试证明了植物也有情感。因为植物没有神经系统,大多数人都否认植物存在"知觉",但众多研究表明植物可能是有"知觉"的。

许多人都相信植物在回应环境变化时是"有意识的"。例如,科学家发现,一些植物为了赶走毛毛虫会释放一种精油。当科学家在植物旁边播放毛毛虫的声音时,虽然没有毛毛虫爬过,但植物仍然会释放精油,这意味着植物可能有听觉!植物也有记忆。科学家用含羞草做了一个实验。含羞草在有危险靠近时会卷起叶片。科学家第一次把含羞草扔在地上时,它们卷起了叶片。但当他们重复这一动

1　史提夫·汪达(1950年生),美国黑盲人歌手、作曲家、音乐制作人、社会活动家。——译者注

作时，含羞草知道并无危险，于是它保存能量并未卷起叶片。一个月后，当科学家再次把它扔到地板上时，它仍然记得之前发生的事，也没有卷起叶片。

我也很喜欢多罗西娅·雷塔拉克做的一个实验。她曾在1973年出版了一本叫《音乐之声和植物》的书。雷塔拉克分别在两个房间放了植物，在其中一个房间播放摇滚音乐，而在另一个房间播放轻柔的音乐。过了五天她发现植物发生了巨大的变化。在播放柔和音乐的房间，植物长得非常健康，并且都向着音箱方向倾斜生长。在播放摇滚音乐的房间，植物的花正在凋谢，并朝着与音箱相反的方向生长。两周后，听柔和音乐的植物长得青葱而浓密，但听摇滚音乐的植物们没长大就已经枯萎了。对不起，莱米[1]。

---

1 莱米·凯尔密斯特（1945—2015），美国重金属音乐巨头，摩托头乐队主唱。——译者注

玛丽的药——芦荟，玛丽·巴克斯特

我在哈克尼开花店时，常常去附近的市政厅酒店，在那儿喝一杯红玛丽鸡尾酒，或与酒店经理玛丽以及她的格力犬"小晕"一起散步。我们俩一起合作完成了许多漂亮的工作，比如酒店的大型花展、一年一度的圣诞树装扮，以及许多次婚礼现场布置，等等。有一次，玛丽无意中提到她将房间里养的芦荟加进了果汁里的尝试。这太神奇了！我跟着玛丽和"小晕"来到她那装有橡木饰板的办公室，竟然看到了更多的芦荟。

问：你是如何发现芦荟的用途的？

答：因为工作的缘故，我曾经从爱尔兰去到了印度尼西亚。在印尼，我看到了大片大片的芦荟地，土地旁的马路边有许多小棚屋，人们可随时停下车在那儿买点芦荟饮品，这种饮料可以起到很好的补水作用。我从未想过回到爱尔兰我会再用到芦荟，但后来我知道芦荟对缓解太阳灼伤和其他伤口都有帮助。于是，回到英国后，我让市政厅酒店园艺师傅帮我寻找他们所能找到的最大的芦荟。他们觉得我疯了，"什么？你想做什么？"他们看到我使用芦荟后，开始把芦荟当作礼物送我。（有人说给我选礼物不是那么容易！）

问：你为何把芦荟加进果汁里呢？

答：我不喝牛奶，因此我选择了富含钙的芦荟汁。而且芦荟还有助于消化。但我并不是每天都喝——可能一周三到四次。

问：美味吗？味道如何？

答：酸涩。我建议你不要生吃。

问：可以分享一下你的果汁配方吗？

答：在果汁机中加入这些：

· 芦荟胶——一片芦荟叶片就够了，当然要带皮

· 椰子汁——少量

· 冻水果——你喜欢吃的就可以，我喜欢放芒果和山莓

· 冰

问：芦荟的哪一部分可以食用呢？

答：只有芦荟胶。芦荟外皮有毒，切割时一定要小心。就像给鱼片去骨一样，只要你掌握了技术，获取芦荟胶也很简单。

问：你是如何养护芦荟的？

答：我把芦荟栽种在家里较大的花盆中。气候温和时，将它们搬到室外。冬天，特别是霜冻的时候，我就把它们搬进来。浇水的次数比较少，因为浇水过多

会导致其根部腐烂。一周浇一品脱[1]水似乎就够了。芦荟在夏天很容易长出新苗，这些新苗会吸收母体营养，所以你最好立刻把新苗挖走。

问：对于想养芦荟的人们，可否再给一些建议？

答：我是在自己养芦荟的过程中学习如何养的，但真的很简单——只要不吃芦荟皮，不要总喝芦荟汁，别忘记把新芽掐掉。

问：听起来你很擅长园艺哦。

答：事实上，我能轻而易举就把仙人掌养死。我是单纯为了个人利益才养植物的——如果不能吃，我是不会养的。芦荟其实不需要人花太多工夫去养。在超市我看到一个大黄茎要卖1英镑，于是回家后我就开始种植大黄茎了。我想："它一定在偷笑吧，在爱尔兰它就是一棵普通的草！"我去园林中心买了一些种子，现在大黄茎的种植面积已占到我花园的15%了！我把它们带给酒店的工作人员，他们做出了大黄果酱和大黄伏特加等各种美味的食物！

问：我喜欢"小晕"，你能和我讲讲她的故事吗？

答："小晕"是一只格力犬，她就住在酒店里。她是我们救助的一只流浪狗，可怜的小家伙只剩下四颗牙齿了。"小晕"很没有安全感，时常跟在我后面！酒店的员工和客人们都很喜欢她。我本想可能会有人投诉，因为并非所有人都喜欢狗，但还好并没有发生这样的事。相反，有些客人会要求和"小晕"睡在同一张地板上，有的新娘还想和"小晕"一起拍婚纱照，她的社交生活比我丰富多了！

1　品脱为容量单位，一品脱约等于 0.568 升。——译者注

203

芦荟（ALOE VERA）

拉丁学名：*Barbadensis*

养护评语：芦荟可以自己照顾自己，因此你需要做的并不多

名字考：当你看到许多肥嫩多汁的大叶片从里向外呈螺旋状生长时，请说声"Hello"[1]。

植物小传

多年来，芦荟早已声名斐然，可能它也有点沾沾自喜了。作为一种全能植物，芦荟对皮肤晒伤、创伤等有促进愈合的作用。很多人冰箱里都存放着芦荟凝胶，它可以帮助人们清理身心。然而，芦荟的作用不止于此，它还可以吸收日化洗涤用品释放在空气中的有害物质。如果空气中的有害物质过多，芦荟叶片上会出现

---

1 芦荟的英文俗名为 Aloe，其发音与 Hello 很接近。——译者注

明显的褐色斑点。我觉得此处应该给点掌声！它属于大自然自己的污染警报器。埃及人将芦荟视为一种不朽的植物，美洲原住民将之视为"上苍的魔杖"。芦荟确实万能！除了可以用作一种绝佳的沐浴露外，它还可以促进消化，缓解胃溃疡，甚至治疗关节炎。研究发现用芦荟汁漱口可以很好地清洁口腔——芦荟汁是天然的漱口水替代品。

追根溯源

芦荟原产于非洲，喜光（但也可以忍受一些阴暗），在干旱气候中长势很好。芦荟品种多达上百种，有极小的，也有像树一样高达9—12米的。在颜色上，除常见的绿色外还有橘黄色和粉色等不同的品种。另外，芦荟的形状和质地也因品种不同而千差万别。和其他肉质植物不同的是，芦荟特别不耐寒，因此在冬天一定注意不要让它"着凉"。芦荟虽然耐旱，但也喜欢"喝水"。浇水时要浇透土壤，但一定要等土壤干透再浇水。

我的芦荟怎么了？

芦荟叶片开始掉落或变成透明色时，一定是缺水或浇水过多了。自己反省一下上次浇水是什么时候。如果你最近刚浇了水，那么请对照盆栽植物医院的说明，检查其根部的腐烂情况。如果芦荟叶片呈褐色或红色，那它可能是被太阳晒伤了，请用刀片将这些异常叶片切除。

如何取用芦荟？

当你已经有一株长势良好的芦荟时，你可以砍下一片成熟的叶片，再将叶片纵向切开，用勺子将芦荟凝胶挖出。但要当心芦荟表皮含有毒素。

花盆

3

运气使然

来自花盆的自白

电视旁，浴室角落，窗帘导轨上，以及家里的每一个窗台……只要有空间，我就会摆一盆植物在那儿。我喜欢将植物种在风格迥异的花盆里。因此，我常常去各种慈善商店、二手物品商店或在网站上淘一些旧花盆。我的花盆包括了铜壶、瓷器、收藏已久的贝西克陶壶、吊篮、牛奶瓶，还有各种手工烧制的陶盆。茶碟可以给底部带孔的花盆做托盘使用，甚至仙人掌也能种在大小适中的茶杯里。母亲来到我家里时常常说："天哪，这就像……这真的好像我妈妈的房子。"我觉得她说对了。我的房间里不仅摆满了各种植物和古董，橱柜里还有意粉及两台意式浓缩咖啡机。

刚开花店时，我看到花市上有个很奇怪的现象——没有人把盆栽植物打扮得漂漂亮亮！它们全都挤种在同一种棕色的塑料花盆里。有多少可怜的植物一辈子都生活在这种令人窒息的塑料花盆里？不仅因为植物会长大，而且更换花盆可以体现出你自己的风格，也是你真正拥有它的良机。虽然这样说，但如果你刚买回来一盆花，最好让它先待在原有的花盆里，待其适应几周后再发挥自己的创造力。当你觉得它们长势不错时，就可以帮它们换盆了。要原创哦！虽然我们都喜欢经典的白色系花盆，但你可以尝试一下多彩的陶瓷花盆。我一直都特别喜欢陶瓷花盆，所以我自己的花店里有各式各样漂亮的陶瓷花盆。在选择花盆时，色彩、风格、质地和形状都是非常重要的考虑因素。如果你厌倦了一个旧花盆，那么请用一些时髦的东西装点一下它吧。

如何找到满意的花盆

塑料花盆

适合谁？懒惰的园丁。

为什么？塑料花盆便宜、轻便，被宠物推倒时也不会破碎。但如果植物长得越来越茂盛，请换下塑料花盆吧。塑料花盆不够稳，很容易摇晃，远没有陶盆牢固。此外，与陶土相比，塑料不吸水，因此要少浇一点水。但老实说，塑料花盆看起来确实很普通，帮你的植物幼苗找一个别致的花盆让它们炫耀一下吧。

陶盆

适合谁？爱好经典的园丁。

为什么？一个好的陶盆可以很精致，而且年代越久越经典。在园艺中心，你可以以很低的价格淘到漂亮的陶盆，而且你能轻易将它粉刷为自己想要的风格。地中海式的白色或蓝色是不错的选择。此外，陶盆也很适合种植大型植物。陶盆

的透气性很强，比起塑料花盆，陶盆会更快地失去水分，因此要记得多浇一点水。

黄铜花盆

适合谁？爱好收藏的园丁。

为什么？对于那些对闪闪发光的东西没有抵抗力的人而言，黄铜花盆是一种很低调的宝器。

铜制花盆

适合谁？做老板的园丁——冷酷，锐利，难以取悦。

为什么？选择完美无瑕的冷酷铜制花盆会让你在工作时赢得更多的赞誉。铜制花盆是很时髦的花盆——造型冷酷，很容易给人留下深刻的印象。

瓷花盆

适合谁？精致的园丁。

为什么？瓷器古朴典雅，用作花盆则是上好的材质。但千万不要为了排水而在瓷器底部打孔；你可以放一些鹅卵石在其底部从而增强它的排水性（见第217页）。优雅的湖绿色和雕刻精细的花纹是瓷器经久不衰的设计风格。

锡罐

适合谁？爱吃零食的园丁。

为什么？谁小时候不喜欢偷偷地去锡罐里舀一勺金色糖浆过过嘴瘾呢？去那个堆满垃圾的院子里搜罗一番吧，或许某个废旧的锡罐能用作完美的花盆——但记得使用之前一定要清洗干净。

混凝土板

适合谁？城市中的园丁。

为什么？混凝土加植物，自然和工业的完美结合。混凝土板锋利的棱角恰好衬托出了植物枝叶的柔软。伦敦巴比肯艺术中心野兽派建筑风格给了我们很多灵感。

原创花盆

适合谁？喜欢标新立异的园丁。

为什么？无论是做动物肖像，还是做英文字母，原创定制的花盆总是很有新意。寻找新的花盆会让人上瘾……我要警告你：想从一套花盆中挑一个买很难，最终你可能还是不得不把一整套花盆都买了。我特别喜欢瓷器，因此也拥有了许多不同纹路和颜色的手工定制陶瓷花盆。

排水孔

　　你会问到的第一个问题可能是："我的花盆底部是否需要留个孔？"好问题。所有的植物都需要排水良好的环境，而且许多人认为要使植物活下来，花盆底部都必须有孔。但在我的花店中，我用的很多花盆都是无孔的，但植物依然长势良好。为什么呢？排水好。我栽种植物时喜欢先在花盆底部铺一层砾石，这样水分很容易渗入砾石，植物根部便不易受潮。如果你的房屋是租赁的，那么这个办法会很有用，因为你无须担心花盆里的水会流出来。如果你的房东很讲究，或者你是比较粗心容易打碎东西的人，那么你可以在花盆下面铺一块毛毡，以防万一。你可以将毛毡稍微剪小点用胶水粘在花盆的下面。注意观察植物的长势。如果排水不好，土壤会一直不干，植物也会越来越萎靡。这时，你就得换个花盆再观察植物的变化了。

镜面草（PILEA / CHINESE MONEY PLANT）

拉丁学名：*Pilea peperomioides*

养护评语：就像点中餐那样容易

名字考：这和你在树上种钱差不多。它们的叶片又大又圆，像皮革般坚韧，很像一个个钱币长在又长又细且像多肉的茎干上。

植物小传

得益于业余园艺爱好者们不断地修剪和栽种，镜面草才成为一种盆栽植物。感谢这些园艺前辈们的贡献，如今，人们在大多数花店都可以买到镜面草。镜面草不喜欢阳光直射，我的那株就喜欢待在明亮但不会被太阳晒到的地方。它们也很喜欢待在阴暗的地方，但在荫蔽处镜面草的叶子可能会变成深绿色——就像其祖先的叶片颜色一样。记得帮它们旋转花盆，从而让其叶片得到均匀的光照。浇水时，要将土壤一次性浇透，待其干透后再浇下一次水。

追根溯源

镜面草原产于中国，并不难养护。要确保镜面草不被阳光直射，它们不喜欢太热的环境。

如何让你的镜面草保持生机

如果镜面草底端叶片掉落，那意味着你浇水过多了。此时，要确保土壤的排水功能良好。这些家伙也讨厌太热的环境，不要把它们放在靠近暖气的地方。

陶艺专家——杰西·乔斯

  我第一次看到杰西的作品就特别喜欢。她的作品风格简单、古朴，又不失现代韵味。我的花店买了很多杰西的陶盆，感觉再多都不嫌够，因为这些花盆全都是手工制作的，没有两个花盆是完全相同的。她使得陶瓷与自然似乎是天生一对，无法分离！杰西有时候也会举办工作坊帮助人们修复花盆。她也是一个植物迷，我想知道她是如何将陶瓷和植物这两个爱好结合在一起的，于是专门对她做了一次采访。

  问：你是如何爱上陶艺的？

  答：我从小就喜欢陶艺。我的父母都是陶艺专家，我是在制陶作坊中长大的。每年暑假，我都在作坊中帮忙或捣乱。有一次我和姐姐一起做了个陶土比萨，上面点缀着的蘑菇和奶酪也都是用陶土做的，这是我自己制陶的最初记忆。庆幸的是，这些东西从来都没有被淘汰。我很幸运在中学学校里有一个烧窑，于是我能

将陶瓷纳入我的GCSE[1]艺术课。高中毕业后，我又继续读了陶瓷学，并获得学士学位。为获得更多的实践经验，大学毕业后，我先为其他陶艺家做了一段时间助理，后来才自己创办了制陶作坊。

问：你的灵感来自哪里？

答：对我而言，烹饪、园艺和陶艺三位一体都是神圣的。我要么待在厨房，要么待在花园或制陶作坊，总之这三件事都会让我很开心。我的灵感源自我在这三个地方所花费的光阴。例如，冬天来了，我想把院子里的植物搬回室内，但家里空间不够了。于是，我便开始思索制作一个悬挂式的陶瓷花盆。

问：太神奇了，再多讲讲可以吗？

答：这个悬挂式的陶盆相对而言体积会比较小，高约19厘米，宽口径。我打算在陶盆周围打几个孔，然后用皮绳将它悬挂起来。今年我参加过你的一个吊篮工作坊，很开心从中学到了一种新工艺，我希望可以把其中一些结绳技巧融入我的新设计中。

问：你对花草的喜爱是否对工作有所影响？

答：植物每天都在影响着我。如果我不制陶，我一定会做一名花匠。我制作的花盆和花瓶并非只为了装饰，更是为了衬托出植物的美。

问：制作花盆时，你的头脑中会不会装着某种特定的植物？

答：大多数时候是相反的情况。我喜欢制作表面各不相同，或有一些斑纹，或有几滴水珠的花盆。然后我会去寻找那些也比较特别的植物——比如叶子上有

1　GCSE 全称为"General Certificate of Secondary Education"，即普通中等教育证书，是英国学生完成第一阶段中等教育会考所颁发的证书。——译者注

独特花纹的，或形态鲜明的植物。

问：对你而言，教授陶瓷工艺有什么秘诀？

答：我会把自己当作学生，按照我所希望的教学方式去讲课——关键是多多鼓励学生并多做示范。学习过程顺利时，你自然很开心。刚开始使用陶轮可能比较难，但只要多练习几次，每个人都会成功的。最重要的是制作你想做的东西。

问：如果想自己制作花盆，应该如何开始呢？

答：先报一个陶艺班。在网上搜索一下当地是否有陶瓷店或学校开办陶艺工作坊。做好准备多多练习。再多一些耐心，不久你就会亲手制作出漂亮的花盆。

问：关于如何为植物挑选花盆，你有什么建议？

答：就像我告诉学生如何为花盆选择合适的釉料一样，我会建议他们先考虑房间的整体风格，然后挑选风格相近的花盆。如果是在花园中摆放，那么不要害怕多一些色彩——它真的会照亮你的每一天。

问：最后一个问题，陶艺的花纹你会选择棕榈叶还是花瓣呢？

答：我永远选花瓣。我在肯辛顿宫[1]办过一次餐盘展览，每个餐盘的正面和背面都设计了一片花瓣。虽然雕刻过程很辛苦，且每片花瓣都各不相同，但这样的努力真的很值得。

---

1 肯辛顿宫是一座英国皇家宅邸，位于英国伦敦肯辛顿—切尔西区肯辛顿花园的西侧。——译者注

彩色花盆——马约尔花园

　　如果你正在思索如何给花盆上色，可以去马拉喀什[1]的马约尔花园[2]看看。马约尔花园由法国画家雅克·马约尔于1923开始修建，穷尽一生设计而成，是一座色彩艳丽的植物天堂。该花园的最大亮点是对色彩的大胆运用，花园的建筑、门廊和遮阳棚全都粉刷着各种艳丽的色彩，栽种着棕榈树、仙人掌和文竹等植物的花盆有着亮丽的柠檬黄、橘色或蓝色，更加突出了植物的绿色。"马约尔蓝"是其标志性的颜色——一种强烈的钴蓝色，据说可以"唤起人们对非洲的记忆"。1962年，马约尔去世。后来，马约尔花园被时尚大师伊夫·圣·罗兰[3]买下并修复。

1　马拉喀什是摩洛哥西南部的一个城市。——译者注
2　马约尔花园是一座占地面积约10125平方米的植物园，位于摩洛哥马拉喀什。——译者注
3　伊夫·圣·罗兰（1936—2008），法国著名时尚品牌圣罗兰的创始人。——译者注

将你的花盆粉刷成马约尔风格

为你的花盆上色吧，为你的家增添点非洲风情。

步骤1　买花盆

首先，你得有不同类型的陶盆。你可以从花店、购物网站或园艺中心买到陶盆。

步骤2　准备工作

将陶盆泡在温水中，撕掉花盆上的标签和价格条，然后用刷子刷干净。待花盆干透——大概需要一天。

步骤3　打磨工作

用砂纸打磨陶盆外围，然后用一块干净的湿抹布将灰尘擦掉。待花盆干透。

用砂纸打磨后，陶盆会更容易上色。

步骤4　密封

选择一款防水的丙烯酸密封剂，无论是哑光、丝缎或亮泽的都可以。将密封剂喷洒在花盆内壁，喷洒两到三层即可，要等每层密封剂干透后再喷洒下一层。

步骤5　打底漆

底漆会使花盆表面更加光滑，同时防止花盆吸收任何油漆。拿着漆罐在距离花盆15—20厘米之处轻薄均匀地喷一层底漆。若有必要，可以再喷第二层，但要先等第一层底漆变干。

步骤6　喷漆

我推荐你用丙烯酸喷漆，这种油漆上色快速而高效！手持漆罐在距离花盆15—20厘米处，均匀地喷一层薄薄的漆。待第一层喷漆变干后再喷第二层。根据油漆产家的不同，干燥过程最快需要15分钟，最慢至少要几个小时。

步骤7　栽花

完成花盆上色后，把植物拿出来，准备栽种吧。选择大小、形状和质地各不相同的植物，将之栽种在不同色彩的花盆里。

"雅·刺"盆栽服务：
厨房里的盆栽棚架

或早或晚，你都得为植物换盆，从而让它们长得茂盛而健康。当植物根部有更多的生长空间时，它们才能长大。若其根部活动空间狭小，那植物的生长自然会受到限制。有时候，换盆的原因可能只是希望它们有个新面貌。我为植物换盆就经常只是纯粹地想打扮一下它们（我们自己不也一样吗？）。

许多关于盆栽植物的书籍都会教人们如何换盆，但大部分都没有提到在哪里换。特别是当你住的是狭小的单身公寓，家里仅剩的空间只够你一个人加一只猫咪生活时，在哪儿为植物换盆呢？

我的灵感来源于祖父母。他们家里里外外摆满了各种植物，只能利用厨房来栽花或换盆。在室内换盆和栽花时，空气中飘散着新鲜泥土的味道，目光所及是摆满花盆的棚架，以及放在一旁的洒水壶，一切都代表了这是件非常个人的事情。

而厨房恰好可以提供方便的水源（尽管浴室也有相同功能）。

当有很多植物都需要更换花盆时，你就遇到了换盆的最佳时机。这时，你可以先计算出总共需要多少土壤，一次性将所有需要更换的花盆都换掉。我会选一个懒洋洋的星期天，一边听比莉·哈乐黛[1]的歌，一边品尝血腥玛丽鸡尾酒，一边享受着与花花草草独处的时光。

首先，你需要一张桌子。将桌子上的杂物清理掉，铺一层旧报纸。把工具包拿过来。你需要铲子（或勺子）来铲土，剪刀来裁根，洒水壶来浇水。当然，还需要一包土。

桌子和报纸？检查无误。

土壤，新花盆，工具包？检查无误。

需要换盆的植物？检查无误。

血腥玛丽鸡尾酒？检查无误。

最后，准备换盆吧⋯⋯

1　比莉·哈乐黛（1915—1959），美国爵士歌手、作曲家。——译者注

令人苦恼的植物换盆指南

什么时候换盆？

如果你的植物是刚从花店买回来的，换盆前最好先给它几周的时间让植物适应新环境。环境改变后，植物会处于休克的状态，直到它适应了新的光照、气温和湿度条件。

对于生长较快的植物幼株，最好每年都为其换一个更大的花盆，并使用混合栽培土栽培；对于大型或生长较慢的盆栽植物，则每两年换一次盆，或当花盆看起来无法承载植物时再换盆。如果植物长得很快，那么它一定很喜欢自己的生长环境。

注意观察植物的长势！它是否有翻倒的趋势？你能否在土壤表面看到了植物的根？它的根部是否长出了排水孔？另外，植物生长速度是否放缓，或看起来有些萎靡？如果出现以上情况，那么你可能需要帮它换盆了！

在植物进入快速生长期（通常是春天）之前帮它换盆最好。对于冬天开花的植物，最好在初秋当其休眠期结束后帮它换盆。

分步指引：

1.浇水

稍微浇点水，以便植物根团和附带土壤更容易移出花盆。

2.取出植物

用手掌轻拍花盆四壁，使盆土松动后，一手托住花主茎基部倒转，另一只手取下花盆。尽量不要拉动植物茎干，必要的话，可使用小刀或铲子松动植物周围的土壤。切忌拔出植物，或破坏植物的主茎。

3.修剪根部

把植物移栽到大花盆前，先检查其根部和土壤。土壤状态良好时，尽量带土移栽。检查根部情况，发现腐烂根系要予以剪除，但注意不要伤到主根。如果根部紧紧缠绕在一起，用手指帮它松动，或用小刀轻轻切割，让其根部散开。若只是换土，要把多余的土壤抖落，然后使用剪刀将根部修剪至四分之一长度，这样有助于植物在相同大小的花盆中重新焕发生机。

4.清理花盆

用热肥皂水清洗花盆，去除可能存在的任何致病微生物或植物幼虫。并晾干花盆。

5.增加排水性

如果你的花盆没有孔（见第217页），增加排水性便尤为重要。但如果花盆底部有排水层，几乎所有的盆栽植物都会喜欢的，因为它们讨厌过于潮湿而不透气的土壤环境。土壤本身的排水性很好时，在花盆底部铺砾石层便没有必要了。

6.加土

先将一小部分土平铺入花盆底部，估测植物和花盆的高度，确保植物根团顶端低于花盆边沿至少1.5厘米，以防浇水时水流溢出花盆。

7.摆放植物

将植物放在铺好的土层上方，从四周观察一下，确保它直立地放在花盆正中。

8.填土

围绕植物继续层层填土进去，用手将土压实。不要把植物埋太深，叶片需要阳光。

9.浇水

一次性浇足定根水，直到花盆底部有水流出（若盆底无孔，则需确保浇水浇至花盆底部即可）。我喜欢把花盆放在水槽或浴缸里浇水，方便排水的同时也方便将土壤浇透（当然，这只适用于盆底有孔的花盆）。此时，你也可以顺便将植物枝叶清洗和擦拭干净。

10.定根

有时候，浇完水后有必要再填一些土，把低一点的地方填平。

11.剪枝

将枯死或折断的枝叶剪掉。如有需要，可轻轻地修剪枝叶以便植物长出新枝。

痛苦的植物

XOXO

花盆摆放设计

关于如何摆放花盆，我的灵感全部来源于自然。看一眼窗外的世界，自然界的事物并非整齐划一。它们似乎只是随意地组合在了一起，但看起来却很漂亮！"雅·刺"在花艺设计上崇尚不对称、随机和打破规则。我从艺术和时尚的角度来思考花艺设计。设计盆栽植物的摆放风格时，我会把它们当作时装屋里的服装来设计陈列风格。不同东西摆放在一起时的确会创造出独特的格调。因而请忘记"连连看"般的搭配方式吧，我更喜欢混搭，我是个极繁主义[1]者。尽管白色背景的花草放在照片墙上很漂亮，但我厌倦了这种所有东西都取白色背景的做法。植物很适合搭配粉色的背景。大胆运用色彩吧，让色彩碰撞、重组。植物枝叶有的轻软如羽，有的光滑如蜡，质地丰繁多样。你也可以用豪华的大叶片植物装饰自己的家，只为时不时地让人抚摸一下。记得把心形的、条形的、锯齿状的或轮廓突出的等不同形状的叶片混合搭配！

1　极繁主义是一切展现颓废、放肆、挥霍的设计，大胆地运用色彩和图案来完成百分百吸人眼球的设计。——译者注

炫耀型

我喜欢张扬的植物。环顾屋里的东西，没什么比一棵枝叶繁茂的植物更吸引眼球了。像琴叶榕这样的盆栽植物永远都是人们注意力的焦点。时不时帮它修剪和擦拭一下枝叶，可让其保持风姿优雅并茁壮成长。它长得越大，越好！

聚居型

植物集中摆放在一起会很好看。把不同质地、形状和色彩的植物混合搭配会更具吸引力。叶片较小的植物可以放在叶片较大的植物旁边。如果你养了很多盆栽，可以将对水分需求相似的植物放在一起——这样你可以定时为这些植物一起浇水。此外，将植物摆放在一起也可以维持区域空间的温度，这尤其适合喜湿的植物。

奇数搭配法

我对偶数的东西有点强迫症，总觉得奇数的东西组合在一起会更好。大多数人建议三个一组来摆放，但我会认为三十三个一组又有何不可呢？只要所有植物都能获得充足的光照，摆放的植物多多益善。

高矮搭配法

高度不同的植物放在一起会特别漂亮。找一些旧椅子、板凳或花架，将不同的植物放在上面，创造出高低错落的感觉。你还可以利用天花板，将盆栽用结绳吊篮悬吊在空中，或让气生植物沿墙面攀缘，创造出一种置身丛林的感觉。

缠绕法

对于枝叶较长的植物，我喜欢让它们缠绕在花架、窗台或门框上。若植物需要支撑物，你可以利用钉子和金属丝缠绕出某种形状，让其自由地生长。

野生放养法

在花店展览植物时，只要植物长得茂密，我们什么都不需要做。当然，这仍然取决于你，也是体现你自己风格的时候。我相信你那儿一定有放置小恐龙的地方。

如何在花架上陈列花盆

我爱花架。花架不仅用来展示植物很好看，还为植物创造出了更多的生长空间。双赢！野性、不羁的自然搭配干净的几何设计式花架，简直再好不过了。我在花店也尝试过用老树枝和碎木片进一步装饰花架，从而创造出更真实的丛林之感。拖动摆放花架上的植物对我而言就像是一种理疗。每次交换盆栽位置，或稍微做一些改变后，整个花架看起来就会很不一样，我特别喜欢那种感觉。如果你想要改变一个房间的风格，这真的是一种既高效又便宜的方法——每棵植物及每种花盆组合都极具自己的个性。

步骤1 找位置

所有的墙壁都是可以摆放植物的闲置空间！你需要思考一个问题：花架所处位置的气候环境如何？是明亮的客厅，阴暗的卧室角落，还是湿润的浴室？如果你的花架位置已固定，那么请依据该位置决定植物的种类。如果你打算购置新的

花架，一定要确保花架结构牢固，因为植物放在一起时会很重。

步骤2　挑选植物

知道花架所处位置的气候环境后，你就可以据此挑选合适的植物了。光照充足时，请摆放仙人掌类的植物；如果花架在潮湿的浴室，则摆放蕨类植物。此外，花架特别适合玉缀或爱之蔓等匍匐生长型的植物，但要确保让它们得到足够的光照。切忌摆放龟背竹等大型植物，否则会限制其生长的空间。花架是小型植物炫耀自己的最佳场所。

步骤3　摆放花盆

尽量把不同大小、质地、颜色和新旧的花盆混合摆放。几何型的花盆搭配歪歪斜斜的花盆。我喜欢把栽有仙人掌的精致陶瓷茶杯和种着虎皮兰的混凝土花盆放在一起。多次尝试之后，我还发现陶盆和铜盆放在一起特别搭。

步骤4　风格设计

将同样的花盆摆在一排是最无聊的搭配法。再次强调要通过混搭和奇数组合来创造不同。将匍匐类、攀缘类和丛生型的植物组合摆放也可以打破花架的几何型框架。植物应放在花架的哪一层则取决于其所获光照及茎蔓的长度——注意观察它们的长势，随时挪动长势不良的植物。

爱之蔓（STRING OF HEARTS）

拉丁学名：*Ceropegia woodii*

养护评语：容易相处

名字考：爱之蔓的叶片呈心形，叶片上有蕾丝状花纹，甚是可爱。

植物小传

爱之蔓其实是一种悬吊式的肉质植物，这意味着它需要的水分较少。情人节时，作为女生送给男生的备选礼物之一，爱之蔓颇受欢迎。在我的花店爱之蔓常常销售一空。将它挂在结绳吊篮上会特别漂亮！

追根溯源

爱之蔓最初被发现于549米高的岩石上，因而它很喜欢阳光。爱之蔓对于气温变化和湿度较高的空气都有一定的耐受性，因而浴室是放置爱之蔓的不错选择。

有趣的是，爱之蔓的叶片颜色会随环境的变化而改变：光照水平较低时，叶片会变为淡绿色；光照强烈时，它会变成海藻般的深绿色。把爱之蔓挂在浴室上方，纤纤藤蔓轻柔地垂坠下来，如经过雕琢般细腻迷人，让人惊叹大自然的伟大力量。

如何让你的爱之蔓保持生机

爱之蔓比较容易养护。但如果浇水过多，它很容易腐烂，且叶片会发黄。为避免发生这样的状况，注意每次浇水前都要待其土壤干透，并且浇水要浇透。冬天爱之蔓会进入休眠期，所以此时浇水频率需要再低一些。另外，爱之蔓较易感染虫害，平时要注意预防。

艺术作品中的植物

亨利·马蒂斯

马蒂斯是我所喜爱的画家——他让一切都变得简单。马蒂斯就像一位抽象派的花匠，他只用一把剪刀和一个思想开放的头脑来完成创作。他喜欢打破常规，家里的墙壁、地板和天花板贴满了色彩鲜艳的纸片。"我在自己的世界创造出了一个小小花园。"马蒂斯说道。

随便观察一个马蒂斯剪出来的纸样都会让人联想到巨大的龟背竹叶片。Pinterest上有一张这样的照片，在法国尼斯雷吉纳酒店，马蒂斯的工作室里，巨大的龟背竹正在野蛮生长，马蒂斯坐在沙发上享受着法国南部温暖的气候。马蒂斯的一生都有植物相伴，科学研究表明，盆栽植物会让人更有创造力，画家的成就似乎也证明了这一点。

弗里达·卡罗[1]

弗里达·卡罗是我最喜欢的画家。我的花店挂着一幅她的肖像画，每当我需要一些灵感时，我就抬头看看她的连心眉。喜欢弗里达的人都知道她的标志性风格：色彩，构图，连心眉，当然，还有花草。据说花卉是弗里达作品中特别突出的一部分，花卉的原型都来自其在墨西哥的私人花园。

弗里达的花园本身也是一件艺术作品，花园里种满了墨西哥的本土植物，并混栽着一些欧洲植物。弗里达的房子内外都有许多仙人掌和色彩鲜艳的天竺葵。她还常常将金盏花、蓝色和白色鸢尾花、大丽花、马蹄莲和紫罗兰搭配摆放。墨西哥原生植物也出现在了她自画像中的花冠上，讲述着她自己的"根源"。据说，弗里达将花草画下来是希望它们可以永存，花卉之所以吸引着她是因为那尚未开放的花苞像一颗心。

弗里达的情人，西班牙画家何塞普·巴尔托利曾回忆道："弗里达说，'水果就像花儿——它们以某种引诱性的语言和我们讲话，教会我们那些隐藏在自然中的东西'。"

大卫·霍克尼

每天早上，霍克尼的男朋友都会在他床头放一些花。霍克尼没有躲在被窝里浏览照片墙，而是在手机上用一个绘画App记录他枕边的那些花儿。接着霍克尼的二十个最亲密的朋友便会收到一封来自霍克尼的邮件，附件是他用智能手机画的花，他说："我每天都用智能手机画花，再把我画的花发送给朋友们，这样他们每天早上也能收到新鲜的花儿。"

我可能不会提倡霍克尼这种送花的方式，但我很喜欢这个创意。事实上，我和本书的插画师刚在花店发起了一个叫"水彩星期三"的活动，试图让人们通过

1　弗里达·卡罗，墨西哥知名女画家。——译者注

绘画的方式从不同的视角观察植物。

荷兰画家

荷兰画家对植物的热爱可以追溯至十六世纪，那时科学家们刚刚开始关注植物。十七世纪三十年代，最受欢迎的郁金香价格疯涨，与此同时"郁金香热"也开始了。荷兰人尤其迷恋郁金香，十七世纪初的荷兰画家是首批专门从事植物画作的艺术家。我虽然很喜欢荷兰画家的画，但不包括早期的那一批。在早期的植物画中，一年四季的花草都是对称布局的——这完全不是"雅·刺"的风格。经过整个十七世纪的发展，植物绘画趋势开始转变，花束变得更加"摇滚风"，对称美被淘汰，不对称取而代之。独特而引人注目的混搭布局成为这些作品中不朽的经典，并激励着世界各地希望打破常规的花匠们。

让人失望的是，十八世纪末人们又开始回归到单刀直入的传统花艺，以迎合"当代"品味。然而，我们依然可以从那些经典之作中获得源源不断的灵感。

怎样才能

4

不杀死

你的植物

植物七宗罪

作为一个在很好的天主教学校上学的女孩，我常常要依靠圣灵来消除我在植物身上犯下的罪孽。如何让神帮助你呢？你要承认你对植物所犯下的罪恶，并对神发誓永远不会再犯。

不记植物名称

要把植物的名字铭记于心。首先，这是一种礼貌。其次，记住植物名才知道如何养护它。

忘记浇水

偶尔忘记浇水并不为过——事实上，许多植物可能会因此长得更好。但花盆内的土壤已没有一丝水分，甚至开始脱离花盆壁时，你就犯下大错了！不要让这样的事情发生，植物的生长需要水。

过量浇水

人们都知道要关爱上帝创造的所有生灵，但过度关心可能是所有罪行中最致命的——你其实在用善良谋杀植物。放下洒水壶吧，等土壤干一些时再浇水。

伊卡洛斯[1]罪行

上帝说，"要有光"。但盛夏时节朝南窗台的阳光直射是植物所惧怕的。阳光经玻璃折射后，变得更加灼热，此时连沙漠植物仙人掌都难以忍受。

将植物置于黑暗处

植物的生长需要光。如果一点儿阳光都没有，你得设法弄一些人造光源。如果你的计划是每隔几个月就用新花换掉枯死的花，那么你想想，"上帝会怎么做？"

吹热风或冷风

空调和暖气是植物所惧怕的。另外，尽量不要把植物放在气温不断变化的门口。

不施肥

植物需要从土壤中吸收营养，从而保持健康。当土壤缺乏营养时，你得通过施肥为其补充养分。一个月帮植物施一次肥即可。

1　伊卡洛斯是希腊神话中代达罗斯的儿子，与代达罗斯使用蜡和羽毛造的翼逃离克里特岛时，他因飞得太高，双翼上的蜡遭太阳晒而融化，落水丧生，被埋葬在一个海岛上。——译者注

让你的盆栽植物茁壮成长，引人注目

关于土壤、养分和水分的问题具有一定的技术含量。我从未把自己当作科学家，更别提植物专家——我所知道的一切都是从工作中得来的。但知道如何养护植物让其长得"热辣性感"和知道如何不把植物养死一样重要。

土壤

土壤不仅可以定根，它还提供了植物生长所需的水分、养分和空气。良好的土壤可以为植物提供其在原生环境中所能获得的一切物质。但在你出门寻找土壤前，请把铲子放下。园土常常泥泞不堪，变干时又像混凝土一样硬，而且还有可能带有害虫。幸运的是，良好的堆肥土适合大多数的盆栽植物，它不仅排水性良好，还可以储存养分。然而，栽种肉质植物则需要排水性更好的土壤，从而防止其根部受潮。说到挑选土壤，我推荐约翰·英尼斯（参见第257页）。

住在城市中的人常常遇到的问题是：1）拖着巨大的袋子回家；2）把土存放在单身公寓里。在"雅·刺"，我们会按照你的花盆大小为你打包土壤，可以看看你们当地的花匠是否也能做到这一点。你需要的土壤可比你想象中要多，所以让他们多给你点儿土吧。

混合

不同植物对土壤的需求也不同，有些植物可能需要专用土。普通园土适合需要营养较多的植物，泥炭（请寻找泥炭替代物）是全能土，沙砾则会为肉质植物增加排水性。一些园丁能够自己配土。幸运的是，约翰·英尼斯已帮我们完成了这项艰难的工作。

泥炭的问题

泥炭既轻薄又便宜，还有很好的排水性。听起来好得让人难以置信对吗？没错。无论在英国还是整个欧洲，泥炭都越来越稀少了，它是植物遗体在沼泽地经过上万年的腐化分解而形成的，比森林吸收二氧化碳的能力还要强。但人类只用了40年几乎就将其耗尽。因此请拒绝使用天然泥炭，寻找泥炭的替代物吧。

泥炭替代物

泥炭替代物为基础的堆肥土，其既轻薄，又可以储存水分，适合喜欢透气而潮湿环境的雨林植物。这种堆肥土可以保持湿润但不会变得湿软，其土壤组成也很像雨林底层土。这种土壤也很适合根系柔软的植物，因为植物根部可在其中自由活动，寻找养料。缺点是土质太轻而不适合种植大型植物，特别是当土壤变干时。

普通园土

普通园土富含植物所需的各种养分，因此适合需要定期施肥的盆栽植物。这种土壤通常需要很长时间才会释放养分，枝繁叶茂的棕榈树最不喜欢经常被打扰，很适合栽培在这种土壤里。另外，普通园土比泥炭混合土要重很多，用于栽培大型植物时也较为稳固。然而，比起泥炭和泥炭混合土，由于园土土基较重，透水性和透气性都较差，很容易出现浇水过多的情况。

沙

由于沙无法储存水分，它通常被添加至混合土中以增强土壤的排水性。栽培肉质植物时，一定要用这种沙砾混合土来防止植物根部受潮。

保护层

没有什么比穿一件新外套更让人显得精神的了。对植物而言也是同样的，加一层外衣既好看又实用。在土壤表层增加保护层既可以防止水分蒸发，又能预防害虫进入土壤。你可以使用石头、贝壳或苔藓来做土壤外衣。至于选择哪个，取决于个人喜好。当土壤外衣看起来有些陈旧时，记得帮它换件应季的新外套。

约翰·英尼斯是谁？

约翰·英尼斯是堆肥土的代表，也是"雅·刺"的最爱。然而，约翰·英尼斯并非是一个制作堆肥土的人，而是由约翰·英尼斯研究所研发出来的一系列堆肥土。约翰·英尼斯本人是十九世纪伦敦的一位房产和土地交易商，后来将其财产捐献用作园艺研究，于是该研究所便以约翰·英尼斯命名。如今，约翰·英尼斯已成为优质堆肥土的代名词，其中主要包括三类堆肥土。

约翰·英尼斯1号堆肥土
1号堆肥土营养配比十分均衡，尤其适合栽培很小的植物幼苗或插枝繁殖。

约翰·英尼斯2号堆肥土
2号堆肥土是养殖大多数盆栽植物和蔬菜的首选。其养分含量是1号堆肥土的两倍，尤其适合栽培中等高度的植物。

约翰·英尼斯3号堆肥土

3号堆肥土是特富营养土，适合那些已经栽培较长时间的盆栽植物，也可以为盆栽蔬菜提供丰富的养料。

施肥

我花了很久才弄清何时施肥。尽管我总是有点手忙脚乱，但我的许多植物幼苗长势都很好。并且，当土壤中的养分耗尽时，我会很快发现。盆栽植物第一次换土后，需要几个月的时间才能完全吸收土壤中的养分，随着植物不断长大，土壤中的养分也会一次又一次地耗尽。适当施肥将有助于植物成长。不需要经常施肥，但要持续而有规律——忘记施肥或施肥过量都会损害植物的生长。就像过度浇水一样，并非施肥越多植物长得越好，你只需给足它们所需的量即可。不确定要施多少肥？去做功课吧。一般而言，你不需要在冬天施肥，因为此时植物处于休眠状态。

嗨！宝贝！

在"雅·刺"，我们喜欢用伴宝乐（*BabyBio*）奶粉。它既经典又便宜，还不会占用太多空间。在过去60年中，世界各地的奶妈们都在使用伴宝乐。经过试验后我们发现，每次浇水你都可以倒点奶粉进去，但我们喜欢每隔几周加半盖奶粉来浇水，保持规律性。不同的植物幼苗对营养的需求不同，因此也请注意，不一定所有植物都适合一盖牛奶。

卫生工作

修剪枝叶

对我而言，看到褐色叶片就像看到分叉的发梢。你会怎么做呢？剪掉。只要看到枯死或折断的叶片或茎干，一定要把它们剪掉，否则它们会妨碍植物向其他枝叶输送养分，也不利于新枝的生长。尽量在靠近茎干的地方修剪枝叶，但切忌正好剪在茎干的表面。如果你是为了刺激植物生长而修剪枝条，请退后一步，观察一下植物的整体形象，想象你希望它变成什么样子。不要因为兴奋而一下子剪掉四分之一长度的枝条——除非你打算让它这样过冬。你剪掉的越多，植物长出的就会越茂密。

（嘘！你可以利用剪下来的健康枝条来栽种更多的植物新苗！请参照第232页学习如何栽种。）

清洁

保持叶片干净很重要。首先，叶片可以帮助植物进行光合作用；其次，叶片干净时植物看起来会更漂亮。大多数家庭里都有灰尘，当你看到植物叶片上落有灰尘时，记得用湿抹布帮它擦拭干净。通常，用抹布蘸一点点温水就可以，如果需要特别干净，可尝试用1：3的肥皂水来擦拭。最好用一只手托着叶片底部，另一只手轻轻地擦拭。对于肉质植物和多毛的叶片，可用牙刷来清洗。

抛光

为叶片抛光可使植物变得光滑可爱。抛光叶片的方法有很多。我的祖母喜欢用牛奶来擦拭琴叶榕的叶片。擦橄榄油也是一种增加叶片光泽度的低成本方法——只是要小心不要沾上灰尘。不要打动新的叶片，确保你的动作轻柔——不要太用力地按压叶片。

橡胶树（RUBBER TREE）

拉丁学名：*Hevea Brasiliensis*

养护评语：大家都知道蚂蚁是搬不动橡胶树的，但你绝对可以养它

名字考：橡胶树巨大的叶片其实常用于生产橡胶。

植物小传

橡胶树是植物中的稳健派。这家伙养起来一点都不麻烦。如果你想养点能炫耀的东西，那么就养一棵橡胶树吧，它最高可长至15米。确保给它足够的空间让其随风摇摆！橡胶树的叶片较大，深绿色，有光泽，需要用湿海绵块来擦拭清洁。

追根溯源

橡胶树来自炎热而潮湿的地区，时不时地向其叶片喷点水，它便会很开心。橡胶树需水量较大，浇水时一定要浇透，一周浇一次水可保持土壤湿润。橡胶树

喜欢散射光线，但光照不足时叶片会变得细长。橡胶树可以长很高。花盆较小时，你有两种选择：1）换盆；2）不变花盆，但要将表层10厘米的土壤换成新土。

如何让橡胶树保持生机

叶片状况标志着橡胶树的生长状况。如果叶片变黄，可能是浇水过多或光照不足，此时你需降低浇水频率并把它搬到光照充足的地方。如果叶片掉落，可能是气温过高或浇水过多。橡胶树有抵御害虫的能力，但如果出现了害虫，请立刻除掉。如果叶片出现白色斑点，请不要恐慌，这是正常现象。

痛苦的植物跟你分享的浇水指南

浇水是个大问题。什么时候浇水？浇多少水？浇何种水？人们啊，放下浇水壶吧！首先，不存在普遍适用的办法。每种植物都有自己的需求。注意观察，慢慢了解它们需要多少水。还是浇水太多？那么请参照以下原则：

我的植物需要多少水？

追根溯源吧，不同的植物需水量也不同，因此需要问的第一个问题是"你知道它的祖籍在哪儿吗？"。原本生活在沼泽中的植物喜欢潮湿的环境，而肉质植物则习惯了长期的干旱伴随偶尔的倾盆大雨。请查看第45—102页了解不同植物的需水情况。

多久浇一次水合适？

手指测试：将一根手指伸入土壤表层大约5厘米处，如果土是干的，那么就浇水，如果是湿的，那么请别管它。忘记那些时髦的工具和日历吧，试试我这个万无一失的方法吧。

一次浇多少水合适？

盆土变干时，要彻底浇灌你的植物——要确保植物根部可以吸收到水分。浇水时使喷壶口尽可能靠近植物的底部。如果花盆底部有孔，请浇至有水进入托盘为止。等几分钟后，倒掉托盘中的积水，避免植物坐在潮湿的托盘里。

YES WE CAN!

如果花盆底部没有孔，你浇水时就要特别注意了，因为植物同样害怕根部受潮。此时要浇水至土壤开始泛水——秘诀是让土壤彻底干透再浇水。只要观察植物的长势，很快你就知道是否浇水过度了。许多植物都不喜欢叶片沾水，所以浇水时也要注意别弄湿叶子。

我应该给植物浇什么样的水？

关于给植物浇哪种水（雨水、瓶装水等）有很多问题。但真的有人会耐心收集雨水吗？在大多数情况下，自来水不会造成任何问题。但如果你住在"软水"地区，可能需要保持谨慎，因为软水中含有大量盐分。盐分在土壤中堆积，会阻碍植物根部吸收矿物质和水分。为避免这种情况发生，每隔几个月需用瓶装水冲刷花盆，从而使盐分从排水孔流出。

什么时候浇水？

浇水的最佳时间是上午，这样会有一整天的时间来干燥土壤。晚上浇水易使植物根部受潮而发霉。夏天植物生长得最快，要多浇水。冬天植物需要休息，所以尽量减少浇水。

祝你好运并能让植物一直保持绿色！

痛苦的植物
XOXO

沐浴时间

　　我做事的原则是省时、高效。我会时不时将所有植物都搬到楼下的浴室，为它们洗个温水浴！但别太过火了，小心植物溺水，让它们喝够水即可（注意，这里不包括沙漠植物）。切忌把生病的植物和健康的植物放在一起，否则会传染细菌。

我的植物怎么了？

我家里的植物没有一棵和买回来时一模一样，它们全长得枝繁叶茂。不要总是大惊小怪，植物正在生长期，请给它们以自由！要做个合格的园丁，应知道随时退居二线，观察哪些因素会影响植物的生长。这样，当问题产生时，你也能很快地发现。人们来花店和我哭诉自己所养的植物叶片变黄时，我所做的只是用剪刀剪掉那片叶子。只有叶片突然掉落或变干，及茎干变细或萎蔫时，你才需要特别注意。但不必恐慌，通常这些问题都很好解决，比如可能是浇水过多或摆放位置不当等原因所致。

说到害虫，它们几乎决定着盆栽植物的生死存亡。只要养了植物，就会有昆虫想吃它们！遇到这种情况时，你必须快速行动，防止其他盆栽植物也被感染。你需要将感染虫害的那棵植物隔离起来，直到它恢复健康。像往常一样，不同植物可能产生的问题也不尽相同，因此还是要追根溯源，如果有发生下列问题的迹象，请赶快采取行动。

叶片变黄

不要恐慌，植物变老后，底层叶片变黄脱落是正常的。但当整株植物从上到下有大量叶片变黄时，你就得注意是否浇水过多了。过量浇水是导致许多植物叶片变黄的共同原因。浇水前一定要让植物根部干透。如果植物根部浸泡在了水中，请对照盆栽植物医院（见第272页）的方法让其变干。

叶片掉落

一两片叶子掉下来是正常的现象，但许多叶片掉落就可能是你浇水太多了。待土壤干透，减少浇水。另外，你的花是否靠近穿堂风经过的地方？如果是，请把它搬到一处气温恒定的地方。

叶片出现斑点

你那可怜的植物可能被太阳灼伤了！请把它搬到远离阳光直射的地方。此外，叶片有斑点也可能是感染细菌所致。阴暗潮湿的环境最易滋生细菌，请提高光照条件，降低空气湿度。将长斑的叶片剪掉，防止细菌扩散。

叶片萎蔫

叶片萎蔫通常是因为浇水太多，或浇水不足。调整浇水量。如果失败了，那你可能需要帮它换个花盆。

叶片卷曲

叶片卷曲可能是植物正通过缩小表面积来保存能量。只要叶片还会展开，那说明你的植物很聪明！如果叶子不再展开了，你就得注意浇水量了。

叶尖变脆

叶尖变脆最普遍的原因是过度浇水。植物将水分从根部传递到叶片，但浇水过多时，多余的水会在叶片边缘聚集，直到它们破裂并变得松脆。此时你该去盆栽植物医院进行干预了。

叶片被吃

啊哈，现在是控制害虫的时候了。检查牙齿痕迹以确认犯罪害虫。进入盆栽植物医院对症下药。隔离这棵可怜的植物，防止其他植物也被害虫蚕食。

土壤发霉

别担心，把发霉的土壤拿掉，换上新土吧（参见第255页）。

增长缓慢

植物需要光照才能生长，增长缓慢可能是光照不足所致，请把它移到阳光明媚的地方。此外，还要确保植物能获得其所需的所有营养素，因此请检查其营养要求。

修剪枝叶

当谈到去除枯死、破碎、被咬或日灼的叶子时，可以把它想象成指甲破碎了——你会怎么做？同样都是身体某一部分坏掉了，不要试图隐藏伤口，因为它们容易患病。用一把锋利的剪刀从问题枝叶底部将它们剪掉，确保伤口清洁。将问题枝叶剪掉后，植物才能将能量投入到生长健康的枝叶中。

盆栽植物医院

照顾生病的植物宝宝并让其恢复健康，这是作为植物家长很有成就感的一件事。如果植物真的生病了，你需要准备一个可作为植物医院的空间——植物可以待在那里直到其恢复健康，重回植物家庭。找一个明亮但不会被阳光直射的地方，这样你的植物就可以在不被日灼的情况下重获生命。保持清洁：确保植物医院没有污染物。你知道蕨类植物讨厌烟雾吗？请去室外吸烟吧。如果生病的植物不会影响周围其他植物，那么它还可以继续留在原地。以下是盆栽植物可能遇到的常见问题。

植物待在了错误的地方

这种情况下，你肯定需要移动植物！位置不对可能是植物不快乐的主要原因。请追根溯源找到适合植物生长的完美家园（请参阅第110—119页）。不要害怕移动植物——请记住，变化和度假一样美好，虽然有时你可能只需在原地帮它旋转一下花盆。通常情况下，光线不会到达植物背面，长期下去植物的生长也会变得不稳定。养成定期旋转花盆的习惯，从而让所有叶片都能均匀地获得阳光。

植物待在了错误的气温环境

部分盆栽植物对温度有点挑剔。以下是鉴别植物是否太热、太冷或恰到好处的方法。

太热

症状：花期不会持续很长时间，枝叶瘦长或底部叶片出现萎蔫等问题。

对策：确保植物远离暖气，避免阳光直射。

太冷

症状：叶片卷曲，之后变成棕色并脱落。

对策：植物是否靠近门口或有穿堂风经过？将它搬到温度比较稳定的地方。

气温适中

此时植物会很开心，长势非常好。

浇水过多还是浇水不足？

我们都做过类似的事情：一时兴起便给植物浇浇水，工作忙时就完全忘记了它们的存在。注意听！

如果你经常浇水，可怜的植物可能会越来越不适。但你可以用下面的方法扭转局面。

浇水不足

症状：植物的茎和叶都无精打采地耷拉下来时，代表它缺水了。其叶缘可能会变成棕色，底层叶片可能会卷曲并变黄。在最糟糕的情况下，土壤会裂开，发生这种情况时，你真的需要好好照顾一下你的植物宝宝了。

对策：将植物搬离有阳光直射的地方，放入水碗（最好在浴缸中）浸泡30分钟。将碗里的水倒掉，让植物再排水10分钟，然后将其放回花盆。

浇水过多

症状：浇水过度时，一般会出现以下现象：花朵发霉，叶片出现棕色斑块，根部变软。另一个明显迹象是新旧叶片同时掉落。

对策：首先，将植物搬离阳光可以直射到的地方。从花盆中取出植物，用毛巾或报纸包好，直到多余的水被吸收。将植物放回花盆，再次浇水前一定要让土壤干透。

我的植物患上根腐病了吗？

什么是根腐病？顾名思义，一部分根部腐烂了。很不幸，这个问题无法解决，这意味着你可能需要为植物准备葬礼了。根腐病通常是过度浇水所导致的。多余的水分使植物根部很难获得其所需的空气，最终便会腐烂。此外，也可能是土壤中的真菌引起的根腐病。真菌可以在土壤中休眠，而浇水过多可能会突然激活真菌。

症状：若植物因不明原因出现上述迹象，你需要检查其根部。拿出报纸，将植物从花盆中取出，松开土壤，观察根部。患根腐病时，植物根部看起来是黑色的并且手感很软。当你触摸它们时，患病的根可能会脱落。切忌将腐烂的根与天然黑色或苍白的健康根混淆——用手指捏一下根部，如果是硬的，那么根就是健康的。

对策：不管是过度浇水还是真菌爆发，你必须迅速采取行动。尽快将患病植物带入盆栽植物医院进行检查，把握最佳生存机会。植物根部腐烂时要放弃治疗，让其静静死去，但你并不会失去所有！你通常可以利用其健康枝叶重新繁殖出新的生命。

我的植物是否需要根部手术？

褐色发软的根：恐怕我们无能为力。

白色坚实的根：修剪根部并掐掉腐烂的茎叶。两天后再换盆。

潮湿不堪的根：根腐病的预兆。请按照以下步骤操作。

治疗根腐病

用手指去除植物根部的大块土壤，然后用流水轻轻洗掉剩余的土壤。接下来，用一把干净锋利的剪刀修剪掉剩余所有受影响的根——如果植物根部腐烂严重，你可能需要移除一大块根系。如果你想防止真菌感染，请将剩余的根浸入杀菌剂溶液中。现在，用酒精清洁剪刀，修剪掉三分之一的植物枝叶。通过修剪枝叶，植物将集中能量更快地恢复健康。彻底清洗原先的花盆，用新鲜的盆栽混合土重新栽种植物。将植物放在明亮但不被阳光直射的地方，在长出新根前不要再浇水。虽然植物正在生长新根，但不要给它施肥，否则可能会使根部负担加重。密切关注植物患者，当它恢复健康快乐时，便可回归植物家庭。

湿度不足

症状：如果植物来自温暖潮湿的热带气候区，而你却把它放在寒冷干燥的地方，它一定不会幸福。观察叶片——它们是否褐变，萎缩，枯萎或脱落？这些都是湿度水平低的迹象。是时候增加空气湿度了。请尝试下面的方案。

卵石托盘

将2.5厘米厚的鹅卵石层放入托盘中，并用水填充其中一半。把花盆放在托盘上。水会提高植物周围的湿度。切勿让水覆盖鹅卵石顶部，记得经常冲洗托盘。

雾化

雾化是增加湿度最简单的方法。只需在整个植物上均匀喷洒水雾即可。请记住，并非所有的植物都喜欢被雾化，所以记得追根溯源，看看植物需要什么。

组合摆放

植物在蒸腾作用过程中通过叶片释放水分，因此将植物组合摆放会增加它们周围的空气湿度。

双盆栽

将小花盆放在较大的花盆内，大花盆的土壤要经常保持湿润。从潮湿的土壤中蒸发的水分可以增加湿度。

植物感染虫害

介壳虫

症状：棕色小型的带壳昆虫很喜欢盆栽植物。这些小家伙吮吸植物茎叶时，茎叶摸起来会有点黏或有煤污。另外，检查叶片下方是否有白卵。

对策：尽快将受感染植物隔离。一旦发现介壳虫，请用旧牙刷擦拭清洗。如果介壳虫依然不让步，那就用派对上剩下的便宜伏特加酒揉搓叶片，之后再用清水冲洗。一边定期清洗叶片，一边注意观察植物，确保虫害消失后再将其送回植物家庭。

粉蚧

症状：粉蚧是一种白色椭圆形的昆虫，看起来像棉花。这种昆虫滋生于温暖的环境，因此很喜欢盆栽植物。你会注意到叶片上方有一层蓬松的白色物质，同时叶片本身会形成一团黑色。另外，检查叶片下方是否有粉红色的卵。

对策：尽快将植物隔离。将一汤匙肥皂液与一升水混合，喷在植物枝叶上从而除掉害虫！再用清水冲洗植物。剪掉任何受感染或死亡的叶片，因为它们可能仍有虫子。将植物隔离一个月，以确保害虫消失。

蚜虫

症状：蚜虫呈绿色，体形微小，具有典型昆虫形态。它们通常成群结队出现在植物叶片上。乍一看，似乎是植物身上出现了一种奇怪的纹理，仔细观察后才发现它们是蚜虫！

对策：幸运的是，你可以通过淋浴将这些家伙冲洗掉。冲洗时要用塑料袋覆盖盆土从而保护植物根部。如果它们不让步，请用大蒜来对付！将几瓣大蒜放入喷水壶中，向其喷洒大蒜水。保持植物处于隔离状态，直到害虫消失为止。

红蜘蛛

症状：红蜘蛛的体形微小，你需要用放大镜才能找到它们。但不要大意，这些家伙虽然个头很小，却会造成很多麻烦。被红蜘蛛感染的植物的叶片底部看起来像有灰尘，但近距离观察，可能会看到灰尘在移动！如果是这样，那你的植物一定是被螨虫侵袭了。如果你看到细微的网状物，那么你的植物感染虫害已经比较严重了。

对策：一个母螨虫可以生出一百个子螨虫，所以你的其他植物也很容易被感染。请立即隔离被红蜘蛛感染的植物。用肥皂喷雾清洗叶片（参见第276页的粉蚧），并在浴缸中彻底擦洗植物。

蕈蚊

症状：蕈蚊是一种小苍蝇，子蕈蚊看起来像蛆虫，它们会大批滋生在盆栽植物的叶片上！注意在土壤周围或窗户附近徘徊的苍蝇群。这些害虫不会影响人类，但当蕈蚊幼虫进入土壤后，植物根部将需要帮助！

对策：让植物根部干透，去除看起来不好的土壤。这样做有助于杀死幼虫，防止母蚊继续在土壤上方产卵。此外，黄色捕蚊胶带也能起到一定的作用。

化学产品

植物滋生害虫时，可能很多人都想过，是否该用化学产品来除虫？园艺中心有各种各样的化学产品，但大多数除虫剂实际上都是以普通的肥皂和水为基础配制的。在"雅·刺"，我们希望尽可能地帮助大自然，所以养护植物时我们采用自然无公害的方式。将植物放在淋浴间用花洒喷水是没有任何问题的！或者只使用清水喷雾——使用前将喷雾瓶彻底清洗一遍即可。

主人去度假了，那植物该怎么办？

让植物独自待在家可能会让人焦虑不安。如果只是一个周末，放心，它们会没事的——但如果你的度假时间较长（你真幸运），那么你将需要做更多准备。多肉仙人掌是植物家庭中的成年人，它们可以自己照顾自己。然而，蕨类植物的养护问题有点棘手。如果你不知道怎么办，可以请人帮忙照顾它们（比如，你的好邻居）。

寒暑假

植物在夏天和冬天的需求不同。去过暑假前，想想你会期待些什么——很多饮料，一点点阳光，不要被晒伤——植物可能和你有同样的需求。在你离开前，请给植物再好好浇一次水。不要担心它们会溺水，植物只会摄取自己所需的营养。确保再次浇水前土壤干透即可。可考虑将植物搬到温度较低的房间或阴凉的地方以防止土壤很快变干。

一些植物会在冬天休眠，从而为春天的到来做准备。在冬季寒冷的夜晚，你可能会想和家人挤在一起取暖，有几种植物也和你一样喜欢温暖，但像仙人掌等其他植物却更愿意待在寒冷的环境中。我们都知道在派对季很难照顾到植物，但大多数盆栽植物需要在冬季暂停浇水。你走之前给它们稍微浇点水，这样土壤是湿的但不会被浸泡。冬天的窗户旁边可能会更冷，也请把植物搬高窗台。

假日美容

在你准备好度假所需的美容用品后，请确保你的植物也仪容美观。剪掉死去的花瓣或叶片并稍微翻一下表层土壤，让它看起来清新宜人。

鞋带的伎俩

一个狡猾的办法是，用一根鞋带或麻线，将其一端放入土壤中，另一端放入装满水的瓶子。鞋带会将水从瓶子吸入土壤中。

保持规律性

尽量确保气温不要降到植物所习惯的温度之下。出门旅行时也让家里的暖气定时开关，这可能会有点奢侈。更好的办法是，找人帮你照看它们，令其保持温暖。

别忘了邮寄明信片回来哦！

痛苦的植物
XOXO

如何为植物举办葬礼

　　所以现在我们都承认自己杀死了植物，那么如何准备它们应得的送别仪式呢？没有什么比看到展出的死亡植物更令人伤心的了。该说再见了。下面是"雅·刺"在面对植物死亡时的做法。

阶段1　承认生命的结束

　　第一个问题是，它真的死了吗？很多植物可能看起来都很不开心，但有些植物还会恢复生机（参见第269—271页）。检查植物的根和茎——如果它们是糊状的，或者在你的手中断裂，那么你该认输了。如果是冬天，请思考植物是否只是休息一下！像大自然中的许多动物一样，一些植物也会冬眠，以便在春季再次开花。请在植物还有生命时追根溯源把握好它们的生长习性。

阶段2　放弃

如果植物肯定死了，那么是时候扔掉它了。了解一下当地关于植物回收的规则。为什么不将它的土壤撒在当地公园以帮助新生命成长呢？

阶段3　哀悼

处理植物死亡事件的最佳方法是正视事实。为什么它会死？是什么让它不开心？从你所犯下的错误中吸取教训，可以确保你的新植物不会遭受同样的命运。

阶段4　期待

现在你多了一个空间，可以为你的植物家族增加新成员了！如果之前那个时髦的花盆还可以使用，请确保清洗过后再帮它找一个新的植物伙伴。请查看本书中我们最喜欢的植物的评级，也许你可以选择一些好养活的植物。

如何让你的植物起死回生

你扮演植物上帝的使命是促进繁殖，把一棵植物变成许多植物。（或者这是植物耶稣？）它既节省资金，又很容易做到，还可以作为不错的礼物送人。如果这些都不是很好的理由，那么植物本身其实也希望你这样做。听起来很神圣？请继续往下阅读。

让植物起死回生的步骤：

– 在春季和夏季繁殖以获得最佳生长机会

– 多尝试插条繁殖，以增加成功机会

– 利用一些"生根奶粉"来帮助植物幼苗生长

– 多关注插条，它们的生长需要你的帮助

茎插

茎插最容易，你可以多剪切几段茎，以增加成功机会。切下长约12厘米健康的茎段——但切忌在其开花时剪切。用一把锋利的小刀从叶片下方切割。去除残余叶片，然后将茎浸入你的"生根奶粉"。在带土的花盆里，用铅笔打个洞，插入茎段并固定。

叶插

对于没有茎的植物（比如多肉植物），请尝试切叶。尽可能将叶片从靠近基部的位置切下。对于多汁的肉质植物，叶片切下后要干燥几天。待切口完全干燥后，将叶片的切口端以45度角埋入土壤中，注意不要把土撒在叶片上。增加该叶片周围的湿度（参见第107页），等待新芽成长。

小植株

小植株是吊兰的绝唱。吊兰死亡时会生出小植株。小植株根部发育好后，用剪刀剪下小植株，将其栽入花盆中并充分浇水。几周内你就会看到它新的生长。

侧枝

一些盆栽植物会在主干侧面处长出微型植物。当侧枝大约是母体植物大小的一半时，尽可能靠近主干将侧枝切割下来。秘诀是尽可能多地保留侧枝根部，否则它将无法生存。将母植株和子植株放在不同的花盆中。将子植株放在比其根部稍大的花盆中即可。

分株

有时候，你只需要简单地分株种植。将植物从花盆中取出，用手将其根部拉开，分出新的植株。如果根部坚硬，请使用干净锋利的小刀分开或切开根部。将分出的新植株栽种到比其根部稍大的花盆中。

妮卡的琴叶榕

　　作为一个在伦敦市区长大的孩子，我小时候很喜欢祖父母家前屋里的那棵琴叶榕。那时候，祖母常常和我讲起琴叶榕的故事，回忆她在意大利普利亚的童年。时光远去，那些故事如今仿佛童话一般。有一次，祖母告诉我，琴叶榕是她与姐姐玩捉迷藏时最喜欢的藏身之处。讲完琴叶榕的故事后，她就不见了，接着我会听到冰箱门被打开，发出一阵老式牛奶瓶碰撞的声音。听到这个声音，我就知道又到了喂食琴叶榕的时间。祖母会把一罐牛奶、一块旧抹布和一个凳子一起递给我。我脑海里回想着这个故事，这是一棵快乐的树，它不停地生长，惹人怜爱。我们每周都要通过叶片给它喂食一次，先将抹布浸泡在牛奶中，再取出拧掉多余的水分，然后仔细擦拭每片叶子。每次用牛奶擦拭叶片时，我都深信老人们所说的，这样做会使植物更加茁壮。从那以后，我也开始研究它，并且发现牛奶确实会使叶片更加有光泽。我的祖母，你真伟大！

　　琴叶榕生长在室内，而不是公园。正是这个令人惊奇的事实让童年的我感到敬畏和奇怪。开花店后，毫无疑问它成了我所养殖和售卖的第一批植物，从而让住在城市中的人们也得以体验到这棵植物的奇幻，而不再专属于祖母家。

琴叶榕（FIDDLE LEAF FIG）

拉丁学名：*Ficus lyrata*

养护评语：和所有一线明星一样，琴叶榕需要人们的关注

名字考：其叶片像小提琴，外形如一棵树，故名琴叶榕。

植物小传

凭借其巨大的叶片，琴叶榕无疑是植物界最爱搔首弄姿的一个。你会疯狂地爱上它，但它又让你保持警惕。而且你不是第一个被它迷倒的人。树的形状让它颇具吸引力，一根瘦高的树干撑起了许多巨大的叶片，叶片的皮革质地又为其增添了一分魅力。仿佛每个注意到它的人都能收到它的挥手致意。琴叶榕还非常上相。它会成为你的骄傲。但请记住我的话，在它美丽的容颜背后你需要付出很多努力。

事实!

琴叶榕早已把它的心给了黄蜂，这也许可以解释它为何如此风流不羁。每一棵琴叶榕都需要一只特定的黄蜂授粉才能开花。而黄蜂只在和它匹配的那棵琴叶榕下产卵。

追根溯源

琴叶榕生长在热带雨林底层，因此不喜欢有太多阳光或阳光直射的地方，否则其叶片会被灼伤。但光照不足它又会枯萎。所以要多次试验帮它选择合适的居所。

很多人会告诉你不要轻易移动琴叶榕，因为变换位置会让它休克，但我还未见过有人一点儿也不喜欢旅行。当土壤稍微有点干燥时再浇水，并且再次浇水前也要等土壤变干。在冬天浇水过多或过少都是很不利于琴叶榕生长的。热带地区气候温暖，所以恒定的室内温度会很适合它，只要让它远离冷气流即可。为保持这种可爱的树状枝叶，请在植物还很小时就帮它修剪枝叶，从而让其长得更加繁茂。你还需要一个漂亮的花盆来装扮它。白色花盆特别能衬托出它的美，为什么不考虑用一个藤条的花盆呢？只要确保你的花盆尺寸不要太大——尽管它只是调情，但它也会让人怯场。

如何让你的琴叶榕保持生机

首先，琴叶榕生长时底部叶片脱落是很正常的——它们是在为新叶片腾出空间。当更多叶片开始掉落时，你需要检查光线、浇水和空气。如果叶片颜色变淡或叶缘变成棕色，那一定是你浇水不够。如果叶片变软或出现棕色斑块，请放下你的洒水壶。别怕！即使在生病的情况下，琴叶榕在照片墙上仍然可以很好看。剪掉任何生病的叶片，然后修剪叶片的棕色边缘就可以了。

给花儿

5

以自由

大胆的花束

开花店时，我厌倦了那些被包裹得难以呼吸的花束，所以我坚持自己的插花风格，鼓励花儿们自由歌唱！鲜花是我的创意产品，就像我面前有一些油漆和一把刷子一样，可以让我自由发挥。插花时，我鼓励大家打破规则。人们告诉你要保持花束直挺，但我鼓励歪歪扭扭。我喜欢不对称，也喜欢色彩碰撞造成的视觉冲击。花束不仅要好看，还要让它吸引眼球，让它能够脱颖而出。事实上，这就是我决定用"雅·刺"来命名花店的原因。它的灵感来自玫瑰，它美丽而优雅，但也有黑暗的一面：身上带刺，写着"不要与我同行"。这一理念贯穿于我所有的插花风格。我的花束看起来都很漂亮，但却态度鲜明。我相信很多花店会对我的教学方法嗤之以鼻，但我认为，充分发挥自由创意，以最纯粹的形式和充满色彩的方式展示花草，这是很重要的。

根据现有史料，插花最早出现在四千五百多年前的埃及！埃及墓葬中雕刻着装有荷花的碗和花瓶，里面还点缀着浆果。在中国古代，鲜花是佛教仪式的必备物品。僧侣们把知识传播到日本，于是在十五世纪，日本成立了第一家花艺学校"池坊"（*Ikenobō*）。

十七世纪，勇敢的探险家们将异域花草引入了欧洲，与此同时，我们最喜爱的荷兰画家开始用画笔记录这些植物（见第248页）。这一时期的贵族几乎家家都摆放着花束，与此同时，阿姆斯特丹的"郁金香热"一度使得花儿比黄金都值钱！路易十四的凡尔赛宫使花卉风格和规模都达到空前壮观的景象（法国人总是如此），但随着贵族社交生活的范围从宫殿来到普通城区，花艺设计开始进入普通人的生活。维多利亚时代的人们喜爱自然，他们赋予了鲜花不同的内涵，即"花语"，比如玫瑰象征爱情，牡丹象征富贵，等等。那时候，通常大房子（如唐顿庄园）中会有管家专门打理园艺，但插花艺术很快就被认为是"所有年轻女士都应该具备的"技能——最流行的风格是在小花瓶中插花。

二十世纪初，几乎每位花艺爱好者都在阅读格特鲁德·杰基尔[1]的花境园艺著作，杰基尔肯定了花束在室内设计中的重要性。当时有难以计数的女性杂志、出版物和一两位电视节目主持人撰写出了许多关于花艺规则的文章或书籍，康斯坦斯·斯普莱等花艺先驱开始试图打破这些规则，但插花依然基本遵循对称的原则。他们谈的都是规则，规则和更多的规则。花艺设计需要一些突破。现在是时候摆脱传统，解放你的花儿，学习一下"雅·刺"的风格吧。

---

1 格特鲁德·杰基尔（1843—1932），十九世纪重要的英国园林设计师。——译者注

给花儿以自由

如果有人来自一个没有鲜花的星球，那么他一定会认为我们是最幸福的，因为我们的周围都是美丽的花儿。

——艾瑞斯·梅铎女爵士[1]

让花儿自由歌唱

让花儿们像在大自然中一样聚在一起，而不是相互竞争生存空间。让花儿自由呼吸！如果这样，它们的花期会更长，实现生命的狂欢！

不要随大流

我不喜欢人们讨论自然是否过时。相反，我喜欢按照大自然的规则，享受季节的礼遇。我总是鼓励新娘们根据季节来选择鲜花。如果你醉心于某一种鲜花，但当时却不是它的花期，你也同样能找到另一种美丽的应季鲜花来代替它。

1　艾瑞斯·梅铎女爵士（1919—1999），出生于爱尔兰的作家。——译者注

打破常规

插花训练往往专注于如何创造一个完美的圆顶，以便花束可以独立站立。我的花束从未站起来过。我喜欢不对称。一直有人劝我不要这样做，但不对称的风格让我的作品脱颖而出。我并没有在花店里禁止使用"圆顶"设计风格，我只是更喜欢狂野一些的设计。

歪歪斜斜

插花对我而言都是角度问题，我从未将鲜花直接放入花瓶中过。我喜欢把它想象成一面钟，在我把花安插在不同角度时，我会对自己说："1点钟，4点钟，9点钟方向……摇滚起来吧。"

把户外植物带回家

我喜欢在家附近散步，看看有什么盛开的花儿。我住的地方靠近埃平森林[1]，那里有丰富的自然景观。秋天是我最喜欢的季节，因为那时候灌木丛上长满了浆果。我总会挑选一束鲜花带回家。

玩转色彩

我喜欢玩转色彩。绿色、蓝色和粉红色！色彩上的冲突可以造成很强的视觉冲击力。我有点不喜欢百搭的白色。有时候，如果需要与柔和的色调搭配，可以用其他颜色代替白色。

狂野些

如果你觉得自己有点狂野了，那么请再狂野一些吧！

1　埃平森林是伦敦地区最大的公共开放空间，占地近 6000 亩，包括林地、草地、河流、沼泽和池塘等。——译者注

鲜花的季节性

就像时尚行业一样，鲜花随着季节的变化而变化。气候变化时，我总是兴奋地望向窗外，希望看到大自然的最新鲜花系列。曾经，康沃尔的一列火车在夜里穿行于此，只为将时令鲜花及时送到伦敦。这几乎标志着春季花卉贸易的开始，火车上满载着新鲜采摘的蓝铃花和报春花。花卉贸易的全球化让人们可以在任何季节获得自己想要的鲜花。但我更愿意从大自然中采集花儿，而不是强迫它在不属于自己的季节开花，这也是大自然母亲所期望的。我做婚礼设计时，很多新娘都想要不合时宜的鲜花，每每遇到这种情况，我就会向她们展示应季的鲜花。例如，在最近的一场婚礼中，新娘想要含羞草，但那时并非含羞草的季节。于是，我们使用了连翘，在当时，应季的连翘看起来与含羞草一样迷人。春天鲜花品种丰富，冬天却很稀少，但冬天却是矮木丛中冬青与浆果散发光芒的时刻。

春天

在漫长而温暖的春天，大自然中最精致可人的花儿逐渐苏醒。随着日历一页页翻过去，目之所及，到处都是万紫千红。此时，你可以在房间内外摆放一些耀眼的花束了。

"雅·刺"的最爱：苹果花、连翘、黑种草花、贝母、大阿米和水仙花。

夏天

再见，晨霜。夏天来了！火辣辣的太阳下，树木枝叶繁茂，鲜花盛开。空气中弥漫着花香，从薰衣草到香豌豆花，姹紫嫣红，争奇斗艳。简直是天堂！

"雅·刺"的最爱：蜡花、蓍属、洋地黄、绣线菊属、波斯菊和牡丹。

秋天

秋天是我最喜欢的季节：金风送爽，橙黄橘绿。去田野觅食吧！去花园里采集浆果和枝叶，然后将这金风玉露装满大大小小的瓶瓶罐罐，没什么比这些更令人感到满足的了。

"雅·刺"的最爱：大丽花、含羞草、绣球花、山萝卜和毛茛。

冬天

冬季也许天气阴沉，但大自然仍然充满了时令鲜花，可以为你的家带来色彩。这时候，矮树篱上枝叶茂密，莓果和藜藜活跃在田野间。请不要忽视冬天的小花。

"雅·刺"的最爱：银莲花、鹿食草、马利筋、丁香、荚蒾和朱顶红。

我们最喜爱的鲜花

英格兰玫瑰

植物小传

选一种最喜欢的鲜花很难，但玫瑰对我来说一直都很重要。玫瑰花香总让我想起祖父母，他们家到处都是玫瑰。玫瑰花气味独特，我一直很喜欢用玫瑰水制作的产品——你知道如何制作玫瑰水吗？特别简单，只需将花瓣煮沸，然后将水过滤装入一个漂亮的瓶子即可。

追根溯源

世界各地有超过一百种玫瑰，最早的玫瑰化石可以追溯到3500万年前，曾在埃及墓葬中被发现。似乎每个人都喜欢玫瑰的芬芳，在普通家庭开始种植玫瑰及养殖玫瑰盆栽前，人们就已经在使用玫瑰产品了。大约在5000年前，玫瑰开始出

现在艺术作品中。萨尔瓦多·达利[1]的《冥想的玫瑰》是我最喜欢的玫瑰画之一。

插花要领

玫瑰在传统上常用于婚礼和葬礼，但在"雅·刺"，我们喜欢在花束中使用玫瑰来创造某种独特的对称美。玫瑰也不必保存到情人节；你完全可以用爱之蔓盆栽来代替，这样全年都可以享受到爱的馈赠。

大丽花

植物小传

大丽花是"雅·刺"的最爱。它的色彩斑驳陆离，令人惊叹：有的鲜艳生动，有的像霓虹般绚烂。花期可以从盛夏持续到秋天的第一次霜冻。大丽花会成为你引以为傲的宣传单品。花朵越大，越引人注目。它品种繁多、形状各异，有的像绒球，有的却多刺。

追根溯源

大丽花来源于墨西哥的丘陵和山脉中。植物探险家亚历山大·冯·洪堡[2]发现大丽花后将其种子送到了马德里的植物园。刚刚引入欧洲的大丽花受到法国王后玛丽·安托瓦内特[3]的喜爱，于是有一个品种便以她的名字命名。在日内瓦，J.沃尔纳培育大丽花长达40多年，他个人收集了近3000种大丽花！这种独特的新世界花卉很快引起英国人的注意，当时全英国大丽花栽培品种多达1400多种。夏日临近，无论庭院里，还是花瓶中，到处都是这种多才多艺的鲜花。

---

1 萨尔瓦多·达利，西班牙画家，因其超现实主义作品而闻名。——译者注

2 亚历山大·冯·洪堡，地理学家、博物学家、植物学家。——译者注

3 玛丽·安托瓦内特，法国国王路易十六的妻子，死于法国大革命。——译者注

插花要领

大丽花要和各种野生枝叶放在一起来插花，从而创造出一种夸张的效果。可使用三种不同色彩和形状的大丽花，比如将圆的与尖刺状的品种相结合。如果你想使用色彩亮丽的大丽花，请选择花型饱满的品种，并选用一种不同类型的色彩来衬托即可。

银莲花

植物小传

银莲花的花语是"风的女儿"，它们也被称为"风花"，因为风吹开了它的花瓣……哦！据说银莲花是女神维纳斯创造的，她的情人阿多尼斯死后，女神将仙露洒在阿多尼斯的鲜血上，便开出了银莲花。银莲花生性浪漫，花期从十月持续至次年五月——适合冬季和春季的婚礼使用。银莲花的枝叶就像一条裙子，围绕在花瓣四周，衬托出花儿的美。我们喜爱银莲花的色彩，它们是秋冬季独特而难得的色调，花心暗黑，而花瓣呈勃艮第酒红色、蓝色或淡粉色。

追根溯源

银莲花是毛茛科植物，生长于阳光充足的气候带，在欧洲、北美和日本都有分布，野生银莲花大约有150个品种。令人困惑的是，著名的日本银莲花并非真正来自日本，而是由欧洲的植物学家培育的。因其成活容易，且外观漂亮，日本银莲花深受人们喜爱。

插花要领

搭配更强大的伙伴如玫瑰，或毛茸茸的枝叶如文竹，利用银莲花细腻如纸般的花瓣创造出一种反差。银莲花在花束中非常引人注目。请小心捧着它，以免损坏花瓣。

绣球花

植物小传

绣球花是我最喜欢的鲜花之一！我把干绣球花（小贴士：在散热器上烘干它们）存放在厨房里，插花时经常用得到。绣球花色彩惊艳，它的花瓣颜色取决于其土壤中的pH酸碱度，其色彩覆盖了从蓝色（酸性）到粉红色（碱性）以及介于两者之间的各种其他颜色。朋友告诉我，法国花园里的绣球花正在减少，因为青少年喜欢吸闻它的花瓣来获得某种快感！但对大多数人来说，是其美丽的外表令人陶醉。然而，绣球花作为盆栽植物是比较难养的。我更喜欢在家中摆放绣球花的插花。但如果你坚持不懈，还请将其放在凉爽的地方，不要让它们变干。

追根溯源

绣球花原产于亚洲和美洲。了解绣球花的最大线索是它的英文学名"Hydrangea"，该名字来源于希腊文"hydro"（水）和"angeion"（容器）。因此，绣球花很喜欢喝水！如果你的绣球花看起来有点萎蔫，可以将它放在装满冷水的水槽中浸泡三到四小时，很快它就会变得神清气爽。绣球花在海边是最快乐的，（谁不是呢？）因为那里空气中的水汽含量更高。其花期从春末持续到深秋，但干花可供人们全年享用。

插花要领

绣球花自身已足够惊艳，插花时通常自成一派。但我喜欢剪一些文竹枝叶来做衬托，特别漂亮！

星芹属

星芹属是我们全年都会使用的鲜花之一，它的每根茎上都长满了至少十颗小星星形花朵，花型非常漂亮。星芹属鲜花有白色、酒红色和浅粉色等色彩。

追根溯源

星芹属是伞形科草本植物，分布于欧洲中部、东部和南部以及高加索地区。大多数人都认为它的名字与希腊词语"astron"（星星）有关。星芹属有八九个品种。

插花要领

星芹属常用作插花时的填充花。可以把它们插在高位以炫耀其花朵，也可以插在低位以衬托其他的花。将酒红色的星芹属与颜色较浅的鲜花放在一起，创造一种视觉冲击，更能衬托出浅色花朵的柔美。

蒝蒌属

蒝蒌属也是我最喜欢的植物之一。它是枝叶而非花。在我的花店里有一个笑话，即每当我检查店员的插花时，总会给它们加一些蒝蒌属枝叶。我喜欢这种精致的枝叶，它会使插花发生微妙的变化。

追根溯源

蒝蒌属是一种来自欧亚大陆温带地区的草本植物，主要分布于欧洲中部和南部及西南亚，有两种原产于中国。

插花要领

我喜欢让蒝蒌属的每株枝叶都发挥最大作用，所以常常将一根蒝蒌属枝条切成许多小段，让它充满整个花束。有时候，为创造一种不对称的美感，我会只在花束一侧安插两根蒝蒌属枝条。

枝叶

植物小传

枝叶是胶水，可在插花时将不同鲜花凝聚在一起，我称之为花束的骨架。可选择的枝叶品种太多了。在一次工作坊中，我们做出了一种全绿色枝叶的花束。虽然只有单一的绿色，但纯绿色插花也是最优雅、最引人注目的！用绿色植物来装饰你的家可是一种时尚呀！它们还有清新怡人的味道哦。

我最常使用的五种植物枝叶

· 文竹

· 蕨莫属

· 桦木

· 山毛榉

· 桉树

插花要领

植物枝叶适合一切花束！把它扯下来，或拉起来，通过插花创造出富有不对称美的浓密枝叶。

插花工具

虽然我喜欢保持简洁，但当涉及园艺工具时，我相信"便宜没好货"的说法。如果你真的喜欢园艺，那么值得投资一些质量好的装备。幸运的是，这些工具都很容易买到。你可以在网上或市场上购买，也可以把它们列在圣诞愿望清单上，让其他人买给你。

花剪

家用剪刀不适合修剪植物，它会剪坏植物茎干并不可避免地破坏整个插花。投资一把合适的剪刀吧——日本的植物剪刀是最好的。

小刀

良好的刀工有助于修理粗糙的茎干和除去倒刺。

罐子

我们喜欢用旧罐子，比如果酱罐、泡菜坛、蛋黄酱罐！用它们来插花非常合适！

麻绳

用麻绳将花束系起来以固定形状。在"雅·刺"，我们只使用经典的棕色天然麻绳。

牛皮纸

买一些牛皮纸来包装花束，将它送给你的亲人和朋友。

邮票和水笔

在包装好的花束上签上自己的名字。你可以在网上搜索并制作出只属于自己的个性签名。

文竹（ASPARAGUS FERN）

拉丁学名：*Asparagus setaceus*

养护评语：难以取悦的女神

名字考：从英文名"Asparagus Fern"中我们可以看出文竹看起来像蕨类植物(fern)。

植物小传

文竹的英文名中虽然含有芦笋（asparagus）和蕨类（fern），但它既非蕨类植物也非芦笋。相反，它是一种攀缘植物，有着可爱而浓密的叶子。文竹的叶片精致细腻，不同品种的文竹叶片纹理质地也各不相同。我花店里的文竹叶片蓬松，非常受欢迎。它长得奇快！摆放文竹时请充分发挥你的创意。我用铁丝将文竹固定在了窗户周围，你也可以把它放在吊篮里挂起来。文竹很容易繁殖，买一株文竹，几年后你可能就会收获好几株。

追根溯源

文竹原产于南非，这意味着它喜欢明亮的阳光散射。不要把它放在有阳光直射的地方，否则很容易被晒伤。经常喷洒一些水雾，保持文竹周围的湿度水平。文竹在进化中学会了适应干旱，但当它们口渴时叶子便会变黄，请记得每周充分地浇一次水给它。在文竹的成长期，你需要每个月向它施一次肥。在冬天，请缩减一切浇水和施肥活动，它喜欢人们帮它修剪枝叶，以帮助它变得大而浓密。发现棕色叶片时，请立刻剪掉。

如何让你的文竹保持生机

因为文竹生长迅速，它会很快超出其花盆的承载范围。如果文竹长得太大，或当你发现其根部已从花盆底部的排水孔钻出时，要将它换到更大的花盆中。当文竹长得非常大时，请帮它繁殖。取出文竹，将其根部分成两半并重新栽种。

如何制作手捧花

在几乎所有传统的园艺手册中，你都会看到"圆顶"这个词，它是完美花束的基准。然而，在"雅·刺"不是这样的。我喜欢"狂野"的花束。要创造一捧"雅·刺"风格的花束，你得打破一些花艺规则。

说到插花基础，我们需要先学会扭曲！只有这样我们才能制作出螺旋形的花束，创造出属于自己的风格。制作花束是发挥创造力的过程，请把你的个性融入其中。忘记完美，大胆地运用不同颜色、高度和纹理的鲜花，同时别忘了让鲜花自由呼吸！

制作花束时，你需要将焦点花、填充花和枝叶相组合。以下是一捧经典的"雅·刺"插花：

焦点花：玫瑰、毛茛、牡丹、绣球花

填充花：蜡花、大阿米、星芹属、浆果

枝叶：文竹、木藜芦属、山毛榉

将花茎下方的多余叶片剪掉，避免叶片浸入水中后腐烂。这很重要，不要舍不得，只需用手剥落叶片，再用剪刀稍微修剪即可。把准备好的鲜花放在你面前，方便插花时随时取用；把剪刀放在一侧，随时用它来处理多余枝叶。准备好了吗？让我们一起摇摆。

步骤1

一只手拿一枝焦点鲜花，用拇指固定花茎。固定位置将会成为花束最终的捆绑位置。拇指越接近花朵，花束就越紧密而小。另一只手拿一枝填充花，以一定角度将该花茎靠在焦点花茎上。

步骤2

将花茎扭转180度左右。这一步对新手而言可能比较困难，需要多加练习。为让生活更美好，我的一些学生坚持不懈练了很久！手稍微放松一点儿，让花茎可以自由移动，这样你就可以看到花束的背面——没有人喜欢把花束放在一个角落！

步骤3

重复第一步，从同一方向加入下一根花茎——注意花茎形成的角度。插花结束时，添加一些枝叶创造出独特的质感和外形。

步骤4

一，二，三，扭！

步骤5

重复扭转花束，捧花将会变成螺旋形。现在，上下移动花茎以创造高低错落的不对称的美感。我们喜欢让焦点植物低一些，让精致的花朵高一点儿，从而让鲜花散发出各自的光芒。

步骤6

如果你对自己的插花比较满意了，请将一根细绳缠绕在尽可能靠近捆绑点的位置。系一个简单的结，不需要太花哨。将捧花末端剪为一样的长度。

"泡菜罐里的插花"

　　"泡菜罐里的插花"是"雅·刺"的经典插花作品之一。它是我刚开花店时提出的一个概念。那时候，我朋友托我给《星期日泰晤士时尚》杂志的负责人寄一些花——没什么大不了的！我想，这样的花最好既经典又特别。于是，我用日常的泡菜罐做了一束野性十足的插花。只要你能想到的，不管是小花瓶还是其他容器——尽管利用起来！按照一般的经验，插花大小应当是其容器尺寸的一倍半。

　　步骤1

　　从不同角度插入一些枝叶创造出骨架，枝叶最高点也是这束插花的顶端。

　　步骤2

　　加入焦点鲜花。不要笔直地放进罐子里，要尽量从不同角度插花，从而使花茎构成一个自然网格，再将其他鲜花和枝叶安插在网格里。

步骤3

插入用来填充的花枝。为创造出层次感，你需要从不同高度和角度来安插花枝。

步骤4

继续填充花束，创造出你自己的风格。

步骤5

观察一下你的花束，确保它令你感到满意。

步骤6

再添加一点儿不同的东西！

常见

盆栽植物

6

一览

秋海棠

养护评语： 需要人的关注

尺码： 中

原产地： 潮湿的热带

摆放位置： 只要能被人们看到，它都喜欢

光照需求： 明亮，有阳光散射

浇水需求： 一周两到三次

湿度需求： 喜湿

常见问题： 叶片娇贵，浇水时只浇土壤即可

蕨类植物

养护评语： 需小心养护

尺码： 中

原产地： 雨林底层

摆放位置： 潮湿的浴室

光照需求： 喜阴

浇水需求： 一周一次

湿度需求： 可时不时向其叶片喷洒水雾

常见问题： 浇水不足将导致叶片变黄

龟背竹

养护评语： 好养活

尺码： 大

原产地： 雨林（攀缘植物）

摆放位置： 卧室

光照需求： 明亮又有荫蔽最好

浇水需求： 一周一次

湿度需求： 需偶尔喷水

常见问题： 浇水太多会导致叶片变黄

琴叶榕

养护评语： 需小心养护

尺码： 大

原产地： 热带雨林

摆放位置： 走廊

光照需求： 明亮而间接的阳光

浇水需求： 一周一次足矣

湿度需求： 喜湿

常见问题： 浇水过多会导致根部腐烂

喜林芋属

养护评语：好养活

尺码：大

原产地：雨林

摆放位置：沿墙壁垂坠

光照需求：喜光，但拒绝阳光直射

水分需求：还可以

湿度需求：还可以

常见问题：怕冷

橡胶树

养护评语：好养活

尺码：大

原产地：炎热潮湿的地区

摆放位置：只要生长空间足够，任何房间都可以

光照需求：喜欢间接光照，光线适中即可

浇水需求：一周一次，保持土壤湿润

湿度需求：偶尔在其叶片上喷点水，它会很喜欢

常见问题：过度浇水会导致叶片变黄

气生植物

养护评语：好养活

尺码：小

原产地：空气中

摆放位置：随意

光照需求：喜明亮的漫射光

水分需求：夏天需每天喷水，冬天一周浇一两次水。每个月为其沐浴一次

湿度需求：喷洒水雾吧

常见问题：阳光直射会致其死

芦荟

养护评语：需耐心养护

尺码：中

原产地：芦荟有"沙漠百合"之称

摆放位置：阳光明媚的地方

光照需求：喜光但不喜阳光直射

浇水需求：很少

湿度需求：喜干

常见问题：猫狗吃后会中毒

仙人掌

养护评语：需耐心养护

尺码：中

原产地：沙漠

摆放位置：最明亮的窗台上

光照需求：沙漠中有荫蔽处吗?

水分需求：土壤变干时每隔一周浇一次水

湿度需求：喜干

常见问题：浇水过度会导致腐烂

玉缀

养护评语：好养护

尺码：中

原产地：墨西哥

摆放位置：挂在明亮的天窗下

光照需求：喜光

水分需求：可忍受较长时间的干旱

湿度需求：喜干

常见问题：浇水不足时叶片会皱缩

玉树

养护评语：好养护

尺码：中

原产地：非洲

摆放位置：温暖明媚的窗台

光照需求：性喜光

水分需求：可利用叶片储水，一周浇一次即可

湿度需求：不需要

常见问题：玉树可能会长至很大，请确保花盆够重

爱之蔓

养护评语：好养护

尺码：中

原产地：发现于海拔1800米的岩石边缘

光照需求：性喜光

水分需求：干透浇透

湿度需求：可忍受一定湿度

常见问题：浇水过多易使根部腐烂

多肉

养护评语： 需细心养护

尺码： 小

原产地： 沙漠

摆放位置： 书桌

光照需求： 喜光，但不喜太强的光照

水分需求： 可在干旱条件中生长，请勿浇水过多

湿度需求： 不喜湿

常见问题： 总有一片叶子长得不好，掐掉即可

翡翠珠

养护评语： 需细心养护

尺码： 中

原产地： 沙漠

摆放位置： 明亮的花架上

光照需求： 喜欢有一点点亮光

水分需求： 每隔一两周浇一次水即可，冬天要减少浇水

湿度需求： 不喜湿

常见问题： 温度过低会使叶片掉落

文竹

养护评语： 需细心看护

尺码： 中

原产地： 南非

摆放位置： 朝东的窗台

光照需求： 光照多少都能适应

浇水需求： 夏天需多浇水

湿度需求： 喜湿

常见问题： 生长速度过快

网纹草

养护评语： 喜欢人们关注它

尺码： 中

原产地： 雨林底层

摆放位置： 玻璃生态缸

光照需求： 不要太亮

浇水需求： 喜欢喝水

湿度需求： 喜湿

常见问题： 害怕干旱，生长条件不佳时，它可以暂时忍受

紫苏

养护评语：需细心养护

尺码：中

原产地：巴西

摆放位置：温暖的浴室

光照需求：开始养殖时需放在隐蔽处，成长过程中需要更多的阳光

浇水需求：保持土壤湿润

湿度需求：喜湿

常见问题：害怕寒冷和干旱

马氏射叶棕榈

养护评语：易养护

尺码：大

原产地：澳大利亚

摆放位置：你最常待的房间，它可以净化空气

光照需求：光照不必太多，易被灼伤

浇水需求：表层土壤变干后就需浇水

湿度需求：喜湿

常见问题：空气干燥会使叶尖变为褐色，记得多喷水雾

酢浆草

养护评语：好养护

尺码：中

原产地：南非和南美

摆放位置：花架上

光照需求：不挑剔

浇水需求：土壤表层变干后再浇水

湿度需求：无须麻烦

常见问题：需经常换盆

吊兰

养护评语：易养护

尺码：中

原产地：南非

摆放位置：随意

光照需求：不挑剔

浇水需求：夏天要多浇水，冬天要少浇水

湿度需求：无须麻烦

常见问题：很少出现问题——不要浇太多水就行

镜面草

养护评语：喜欢被人关注

尺码：小

原产地：中国

摆放位置：书桌上

光照需求：不喜欢阳光直射

浇水需求：易缺水，注意检查土壤

湿度需求：随意

常见问题：浇水过度会导致底部叶片下垂

牛油果树

养护评语：易养护

尺码：中

原产地：气温较高的热带和地中海区域

摆放位置：明亮且空间较大的地方

光照需求：需充足光照

浇水需求：土壤摸起来有点干时就需要浇水了

湿度需求：喜湿

常见问题：你需要等十年才能吃到它的果实

柠檬树

养护评语：喜欢被人关注

尺码：中

原产地：明亮的地中海区域

摆放位置：温暖明亮的场所，夏天放在室外，冬天搬回室内

光照需求：喜光

浇水需求：好好浇水

湿度需求：每天向其土壤喷水

常见问题：它怕冷，需要很多年才会结果

茉莉

养护评语：需细心养护

尺码：中

原产地：地中海区域

摆放位置：阳台

光照需求：有阳光直射的明亮场所

浇水需求：很多

湿度需求：不需要湿润

常见问题：容易长得杂乱无章，请帮助修剪枝条

芳香天竺葵

养护评语：易养护

尺码：中

原产地：炎热的地中海区域

摆放位置：明亮的窗台

光照需求：喜光

浇水需求：干透浇透

湿度需求：室温即可，无须麻烦

常见问题：光照不足会导致叶片细长

番茄树

养护评语：需耐心养护

尺码：中

原产地：原产于中南美洲地区，但在地中海度假时也很常见

摆放位置：有光的地方

光照需求：是的，需要大量光照

浇水需求：每天都需浇水，特别是其挂果时

湿度需求：是的，需要喷一点儿水雾

常见问题：注意经常旋转花盆，让它长得又高又直

肉食植物

养护评语：喜欢被人关注

尺码：小

原产地：潮湿的沼泽

摆放位置：浴室，但要有方便苍蝇进入的窗户

光照需求：喜光，但不喜阳光直射

浇水需求：肉食植物总是很渴，但请勿浇普通自来水，否则盐分过多会烧伤根部。用凉白开或瓶装水代替自来水

湿度需求：高

常见问题：它们不喜欢你把手指放在其钳口处

图片来源

怎样才能不杀死你的植物

[英] 妮卡·萨瑟恩 著

王慧 译

图书在版编目（CIP）数据

怎样才能不杀死你的植物 / （英）妮卡·萨瑟恩著；
王慧译 . -- 北京 : 北京联合出版公司 , 2019.10
ISBN 978-7-5596-3588-4

Ⅰ . ①怎… Ⅱ . ①妮… ②王… Ⅲ . ①观赏园艺
Ⅳ . ① S68

中国版本图书馆 CIP 数据核字 (2019) 第 204052 号

HOW NOT TO KILL YOUR PLANTS

text by NIK SOUTHERN

选题策划	联合天际·艺术生活工作室
责任编辑	夏应鹏
特约编辑	桂 桂　曹婵婵
封面设计	王大力
美术编辑	程 阁

出　版	北京联合出版公司 北京市西城区德外大街 83 号楼 9 层 100088
发　行	北京联合天畅文化传播公司
印　刷	北京利丰雅高长城印刷有限公司
经　销	新华书店
字　数	237 千字
开　本	710 毫米 ×1000 毫米 1/16 21.25 印张
版　次	2019 年 10 月第 1 版　2019 年 10 月第 1 次印刷
I S B N	978-7-5596-3588-4
定　价	88.00 元

关注未读好书

未读 CLUB
会员服务平台